| 数学邦 |

针线奶奶

[韩] 申淳哉 / 著　[韩] 朴海男 / 绘　薛茹月 / 译

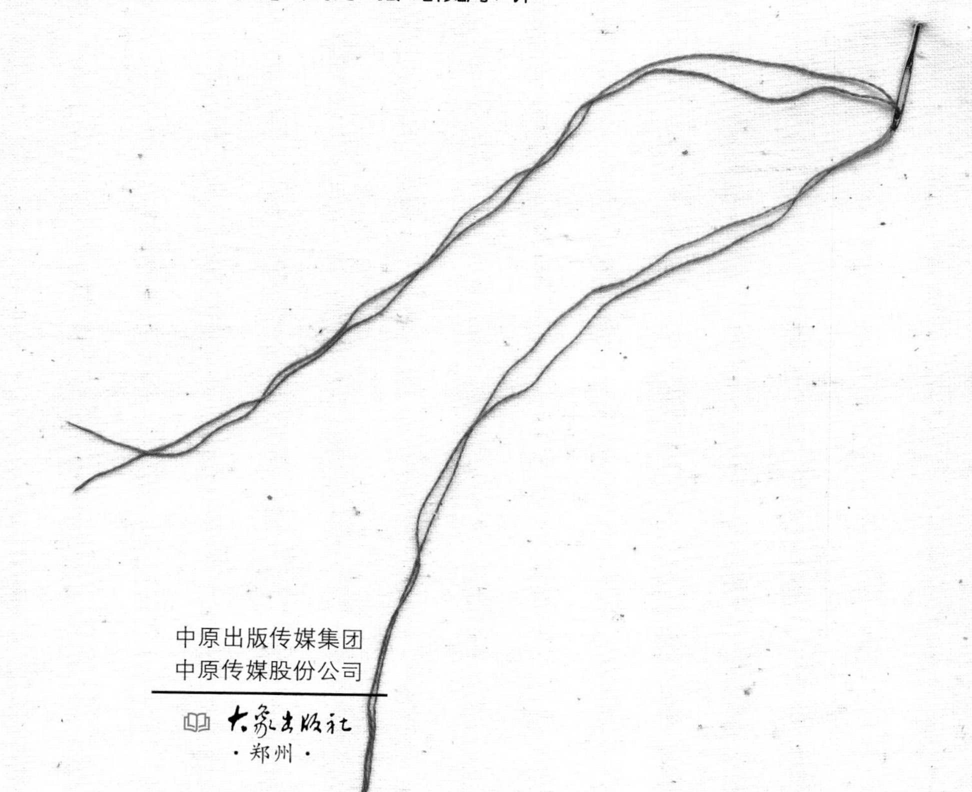

中原出版传媒集团
中原传媒股份公司

大象出版社
· 郑州 ·

图书在版编目（CIP）数据

数学邦．针线奶奶 /（韩）申淳哉著；（韩）朴海男绘；薛茹月译．— 郑州：大象出版社，2019.6
ISBN 978-7-5711-0183-1

Ⅰ．①数… Ⅱ．①申… ②朴… ③薛… Ⅲ．①数学 — 儿童读物 Ⅳ．① O1-49

中国版本图书馆 CIP 数据核字（2019）第 089597 号

数学邦：针线奶奶

SHUXUE BANG: ZHENXIAN NAINAI

［韩］申淳哉 著　［韩］朴海男 绘　薛茹月 译

出 版 人　王刘纯
策　　划　董中山
特邀策划　封路路
责任编辑　赵晓静
特约编辑　张　萍
责任校对　牛志远
封面设计　徐胜男

出版发行　大象出版社（郑州市郑东新区祥盛街 27 号　邮政编码 450016）
　　　　　发行科　0371-63863551　总编室　0371-65597936
网　　址　www.daxiang.cn
印　　刷　湖南天闻新华印务有限公司
经　　销　各地新华书店经销
开　　本　787mm × 1092mm　1/24
印　　张　1.5
字　　数　50 千字
版　　次　2019 年 6 月第 1 版　2019 年 6 月第 1 次印刷
定　　价　228.00 元（全 12 册）
若发现印、装质量问题，影响阅读，请与承印厂联系调换。
印厂地址　湖南省长沙市望城区银星路 8 号湖南出版科技园
邮政编码　410219　　　电话　0731-88387871

请指着山顶上的房子说出“三角形，正方形”，并用同样的方法说出其他房子、树、蝴蝶等的形状。

山顶的小木屋里住着一位老奶奶。

因为老奶奶做衣服做得特别好，所以大家都称她针线奶奶。

有一天，住在山脚下的小浣熊给针线奶奶写了一封信。

“今天晚上我们要办宴会，

请您来我家帮我做一件参加宴会时穿的衣服吧！”

于是，针线奶奶把各种各样的布放进包袱里就出门了。

走着走着，天突然下起了雨。

“雨太大了，走不了啦！”

树下，一只小兔子跺着脚说。

针线奶奶把布剪成各种各样的形状，

和小兔子一起动手缝来缝去。

请指着布块，问问孩子有几个三角形，有几个长方形，并且引导孩子思考针线奶奶将用这些布块做什么。

针线奶奶和小兔子一起打着大大的雨伞向前走。

走了没多久，雨就停了。

“谢谢您，针线奶奶！”

小兔子给了针线奶奶一个手绢。

请一边指着组成雨伞的布块，一边说“三角形、三角形、三角形、三角形、三角形和长方形做成了雨伞哦”，并试着让孩子用纸拼出相同模样的雨伞。

针线奶奶走着走着，

前面出现一条大河。

“没有小船，过不了河啦！”

河边，一只小猪跺着脚说。

针线奶奶把布剪成各种各样的形状，
和小猪一起动手缝来缝去。

请指着等腰直角三角形对孩子说“我们把它叫等腰直角三角形”。然后问问孩子等腰直角三角形有几个，正方形有几个，并让孩子思考针线奶奶将用这些布块做什么。

针线奶奶和小猪一起坐着船过了河。

“谢谢您，针线奶奶！”

小猪给了针线奶奶一把扣子。

请指着组成小船和帆的布块说“四个等腰直角三角形和两个正方形在一起变成了一条小帆船哦”，并试着让孩子说出图中的小鱼是由哪些形状组成的。

针线奶奶走着走着，
前面出现一个悬崖。
“桥断了，过不去啦！”
悬崖边上，一只小松鼠跺着脚说。

针线奶奶把布剪成各种各样的形状，

和小松鼠一起动手缝来缝去。

请指着图上的布块对孩子说“四个等边三角形、两个等腰直角三角形、一个圆形”，并让孩子思考针线奶奶将用这些布块做什么。

请一边指着热气球的吊篮，一边说“两个等腰直角三角形拼在一起变成了正方形”，并让孩子试着拼一拼热气球。

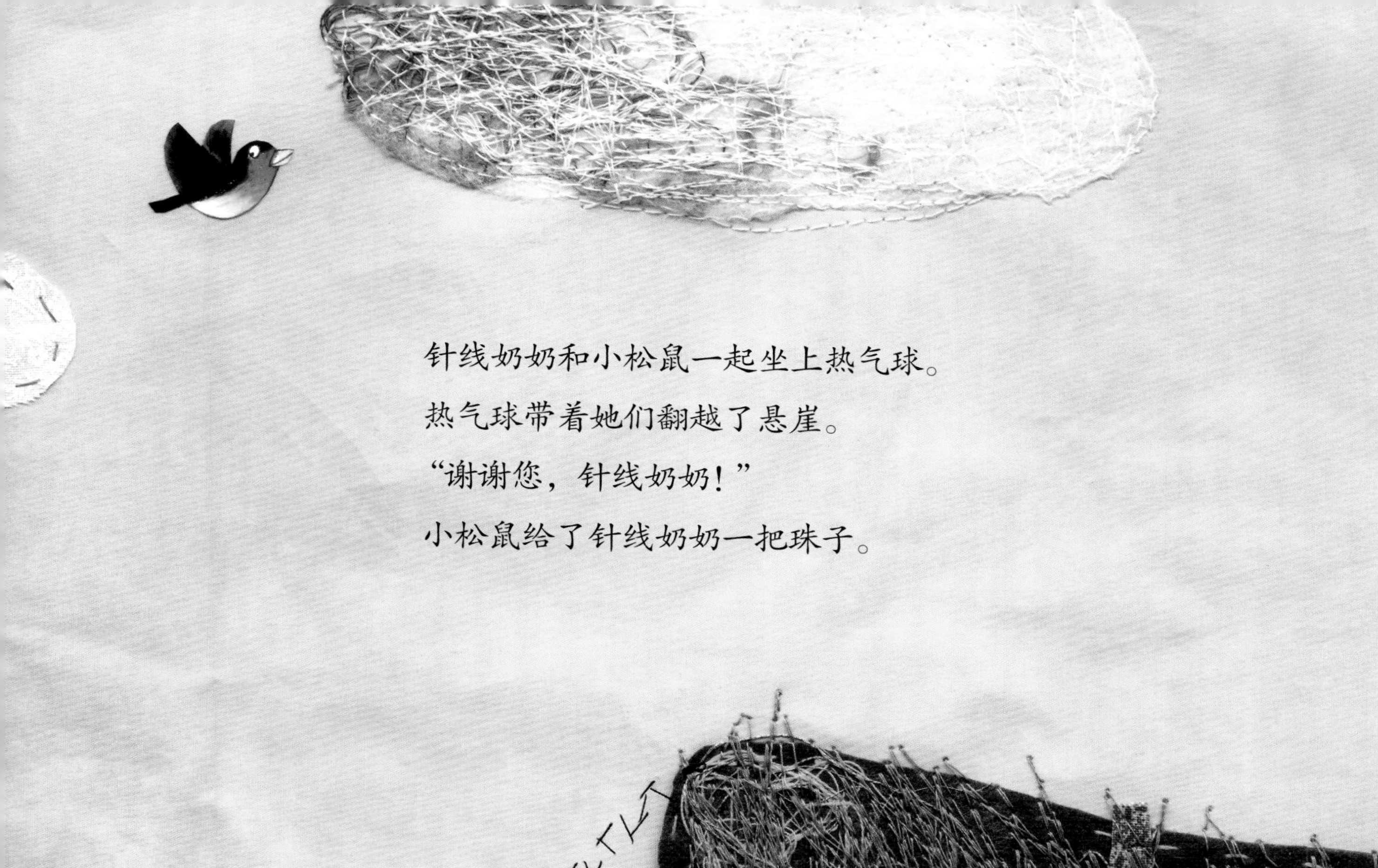

针线奶奶和小松鼠一起坐上热气球。
热气球带着她们翻越了悬崖。
“谢谢您，针线奶奶！”
小松鼠给了针线奶奶一把珠子。

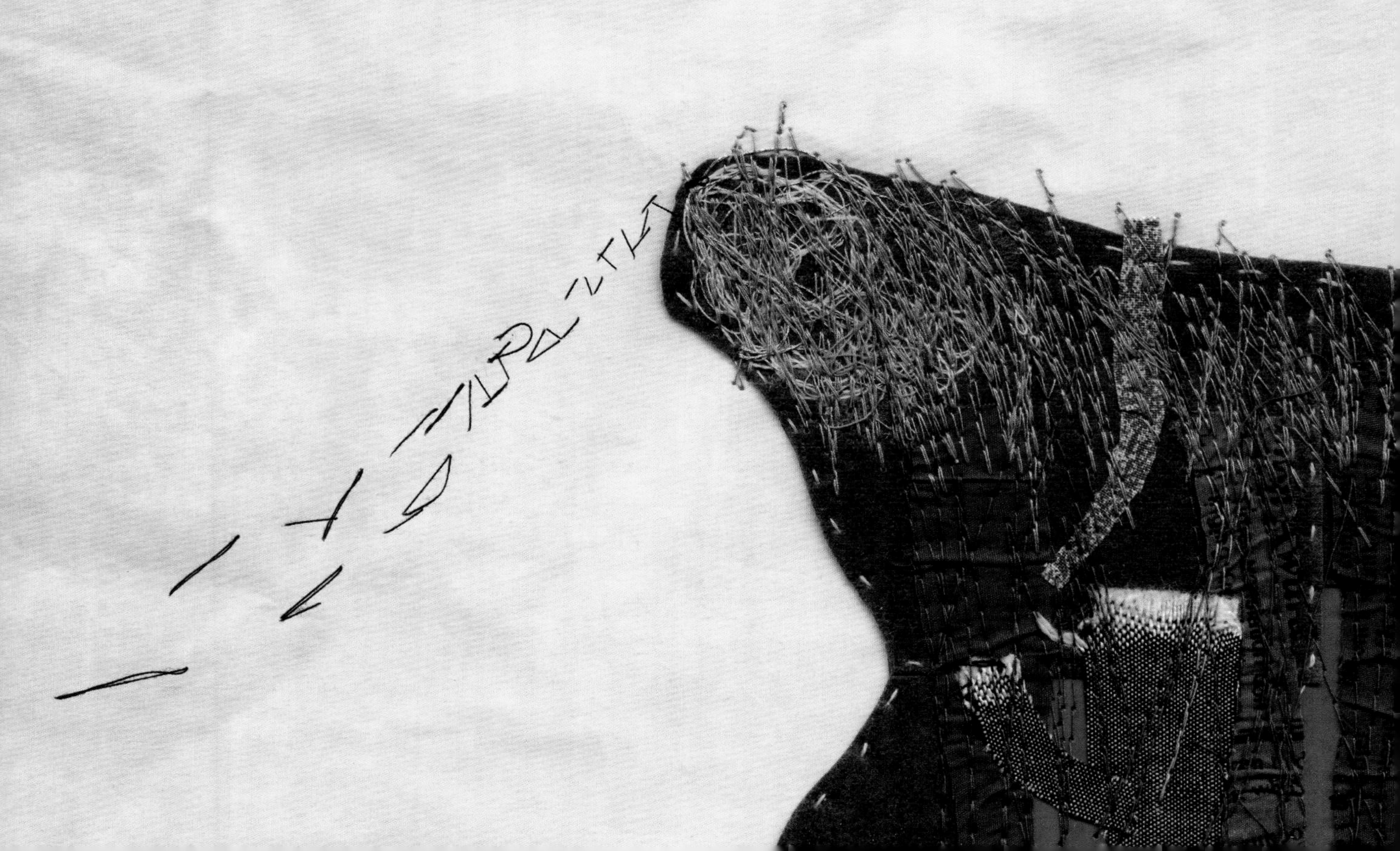

针线奶奶走着走着，

忽然刮起了大风。

“风太大了，走不了啦！”

石头下，一只小熊跺着脚说。

针线奶奶虽然想迎着风往前走，

但风实在太大了。

针线奶奶把布剪成各种各样的形状，
和小熊一起动手缝来缝去。
请指着图上的布块对孩子说“三个正方形、四个等腰直角三角形、两个长方形”，并让孩子思考针线奶奶将用这些布块做什么。

请让孩子试着拼一拼图上的房子。

针线奶奶和小熊一起进了房子。
没过多久，针线奶奶就睡着了。
“哎呀，天都黑了！”
从梦中醒来的针线奶奶吓了一跳。
“晚了就耽误事了，得快点走啦。”
“谢谢您，针线奶奶！”
小熊给了针线奶奶一个蝴蝶结。

针线奶奶在黑暗中赶着路，

一不小心被石头绊倒，撞在了树上。

“哎呀，天太黑了，走不了啦！怎么办呀？”
针线奶奶把布剪成各种各样的形状，
自己动手缝来缝去。

针线奶奶做了一些星星，把它们抛到了空中。

大大小小的星星闪耀着，照亮了山路。

“谢谢你们了，小星星。”

针线奶奶赶紧向小浣熊家出发了。

请让孩子试着拼一拼图上的星星。

“小浣熊，我来给你做宴会上要穿的衣服啦！”

针线奶奶说着，打开了包袱。

但包袱里一块布都没有了。

“宴会马上就要开始了，这可怎么办呀？”

小浣熊跺着脚，哭着说。

针线奶奶哗的一下把包袱展开，

不停地动手缝来缝去。

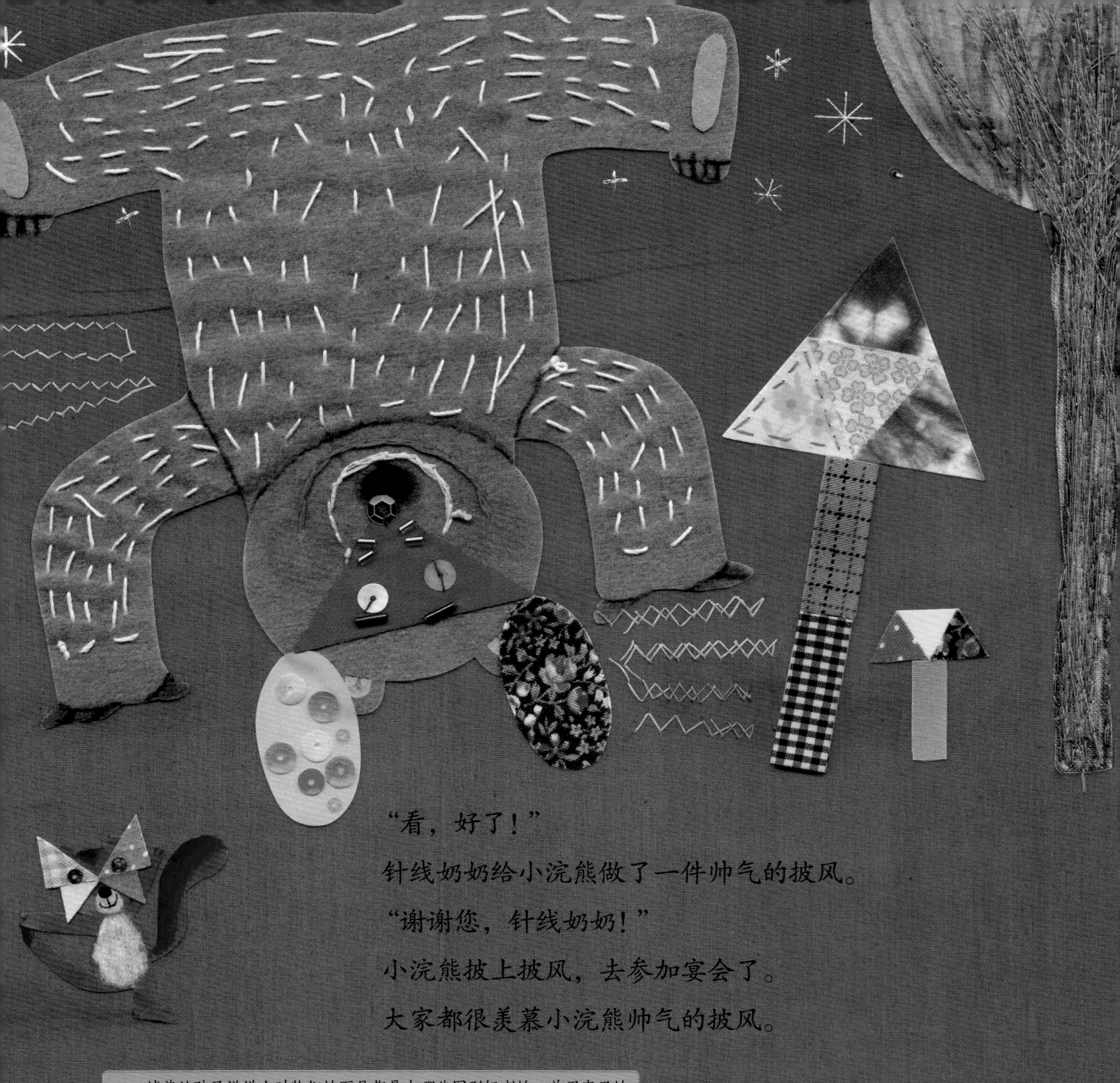

“看，好了！”

针线奶奶给小浣熊做了一件帅气的披风。

“谢谢您，针线奶奶！”

小浣熊披上披风，去参加宴会了。

大家都很羡慕小浣熊帅气的披风。

试着让孩子说说小动物们的面具都是由哪些图形组成的，并用家里的扣子、棉棒、珠子等跟孩子一起试着做一做小浣熊披风上的图形吧。

画一画

小浣熊在画画呢。

先画一个正方形。

再画一个三角形。

又画了圆形的窗户、长方形的门，再用波浪线装饰屋顶。哇，好漂亮的房子呀！

这次画什么好呢？

先画一个圆圈。

再画一个长方形。

又画了耳朵、眼睛、鼻子、嘴、胡须、腿、尾巴等等。哇，可爱的小猫咪画好啦！

拼一拼

让我们用布块拼一拼吧。

用 1 个○、1 个⬭、1 个△和 2 个◺可以拼成小鸟。

用 1 个△、3 个□和 2 个◺可以拼成火箭。

用 1 个□、2 个▭和 2 个○可以拼成卡车。

这是由几块拼成的呢？

1. 请找出所有由 2 个 ◣ 图形拼出的图案。

2. 请找出所有由 3 个 ◣ 图形拼出的图案。

3. 请找出所有由 4 个 ◣ 图形拼出的图案。

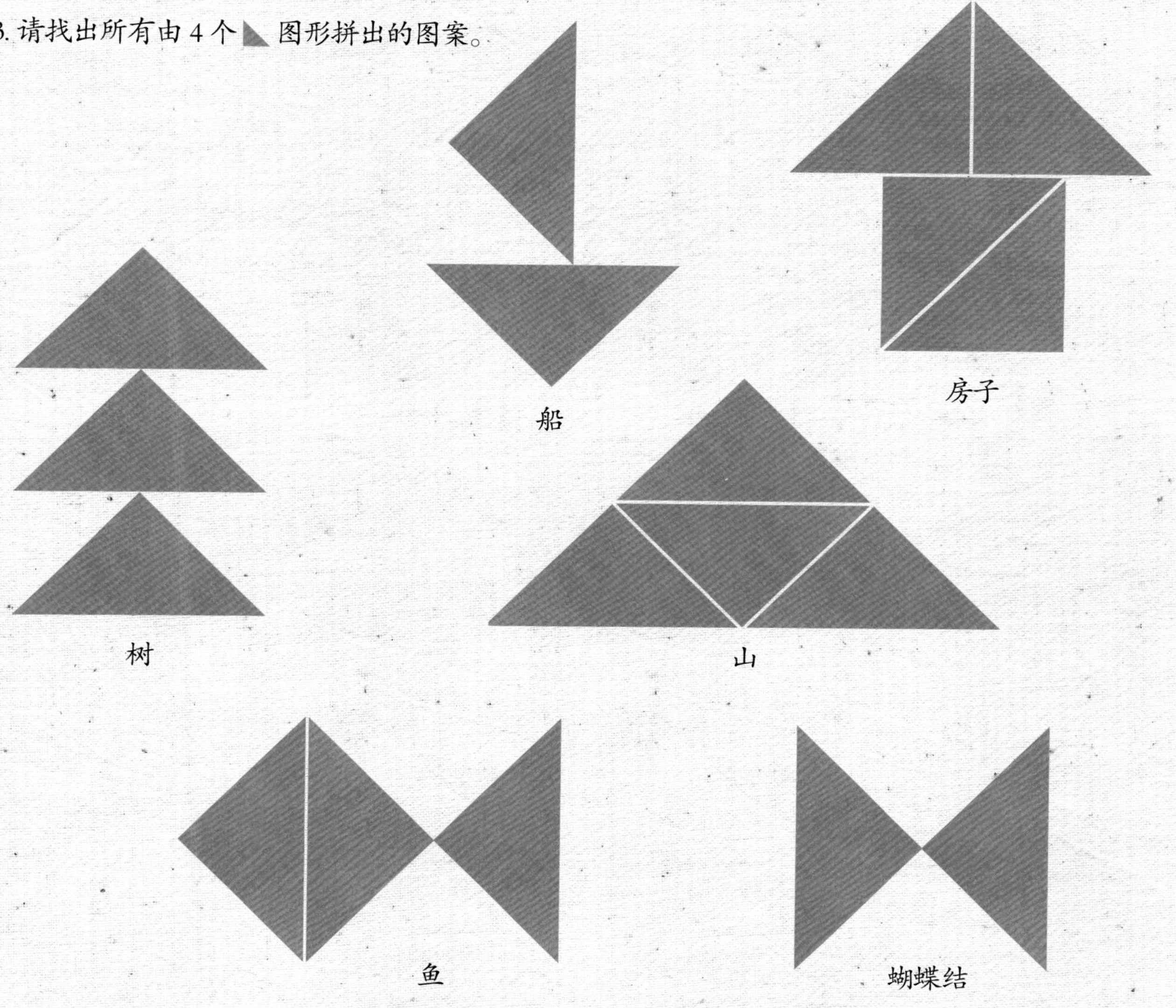

拼图案

试着用平面图形拼出多种多样的图案

孩子通过《谁的影子》的学习，认识了三角形、正方形、长方形、圆形、椭圆形等，并可以区分它们的形状。

《针线奶奶》这本书教会了孩子运用这些图形拼出很多种图案。孩子们通过拼图案不仅会加深图形的印象，还可以认识新的事物。如，两个等腰直角三角形可以组成一个正方形，两个相同的图形可以组成很多种图案。

书中向我们展示了如何运用多种图形组成雨伞、船、热气球、房子等形态。让孩子试着动手用图形拼出这些图案，可以培养其重要的数学分析能力和组合能力。

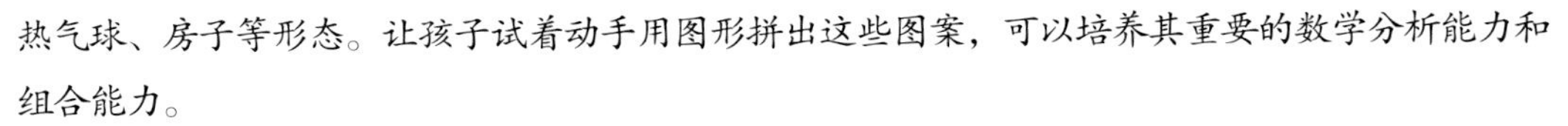

想要拼图的话，需要拥有把特定物体的模样变得单纯化、抽象化的能力。如，拼房子的时候，需要把复杂的房子形态简化为简单的图形。这时不需要都用相同形状的图形，可以试着用不同形状的图形拼成不同模样的房子。

认识拼成的图案是什么也很重要。这个过程可以培养孩子的想象力和注意力，还可以培养孩子为了拼出想要的图案，制订计划，并有条不紊地按照计划进行的系统思考能力和动手能力。

和孩子一起玩的数学游戏

■ 利用三角形、正方形、圆形的零食，试着跟孩子一起拼一拼。

1. 运用两个、三个、四个三角形，试着跟孩子一起拼一拼鱼、大树等。
2. 运用各种形状的零食，让孩子拼出帽子、袜子、飞机等多种多样的图案。
3. 妈妈和孩子各自拼出图案后，互相说出对方拼的是什么。

数学邦 Maths Kingdom

唤醒每一个孩子沉睡的数学天赋！

（全12册）

| 数学邦 |

寻风的小熊

［韩］许恩美 / 著　［韩］朴善浩 / 绘　周水洁 / 译

中原出版传媒集团
中原传媒股份公司
大象出版社
·郑州·

图书在版编目（CIP）数据

数学邦．寻风的小熊 /（韩）许恩美著；（韩）朴善浩绘；周水洁译．— 郑州：大象出版社，2019.6
ISBN 978-7-5711-0183-1

Ⅰ．①数… Ⅱ．①许… ②朴… ③周… Ⅲ．①数学 — 儿童读物 Ⅳ．① O1-49

中国版本图书馆 CIP 数据核字（2019）第 089602 号

数学邦：寻风的小熊

SHUXUE BANG: XUN FENG DE XIAOXIONG

［韩］许恩美 著　［韩］朴善浩 绘　周水洁 译

出 版 人　王刘纯
策　　划　董中山
特邀策划　封路路
责任编辑　刘丹博
特约编辑　封路路
责任校对　安德华
封面设计　徐胜男

出版发行　大象出版社（郑州市郑东新区祥盛街 27 号　邮政编码 450016）
　　　　　发行科　0371-63863551　总编室　0371-65597936
网　　址　www.daxiang.cn
印　　刷　湖南天闻新华印务有限公司
经　　销　各地新华书店经销
开　　本　787mm × 1092mm　1/24
印　　张　1.5
字　　数　50 千字
版　　次　2019 年 6 月第 1 版　2019 年 6 月第 1 次印刷
定　　价　228.00 元（全 12 册）
若发现印、装质量问题，影响阅读，请与承印厂联系调换。
印厂地址　湖南省长沙市望城区银星路 8 号湖南出版科技园
邮政编码　410219　　电话　0731-88387871

一个秋日，小熊去树林散步。

它走累了，打算在一块大岩石上休息一下。

呼——突然一阵大风刮来，

小熊的帽子被吹走了。

“哦，哦，我的帽子！”

从最大的岩石开始，按顺序，边指边给孩子说“大、小、很小”。用大声说“大”，用小声说“小”，这样孩子能切实地感受到大与小的区别。

小熊为了躲避大风，来到了一块小岩石上。

可是，又呼呼地刮来一阵大风。

“哦，哦，我的围巾！”

这一次，小熊的围巾也被大风吹走了。

比较小熊站着的岩石和左边的岩石，可以教孩子理解“大”“小”。也可以让孩子比较小熊站着的岩石和右边的岩石，教孩子理解“大”“小”。

这一次，小熊为了躲避风，来到了一块更小的岩石上。

“风太过分了！那些可都是我的生日礼物啊……

我一定要找回来！”

小熊决定去寻找风。

指着三块岩石，按顺序教孩子试着说“大”“小”“很小”“最大”“最小”。

小熊走在树林的小路上，走着走着，遇到了小兔子。

“你好呀，小兔子！你知道风住在哪儿吗？”

“不知道呀！你为什么这么问呢？”

“风把我的帽子和围巾带走了，我要找回来。”

“真的吗？那么，能把我的画册也找回来吗？

那是我的画册，一本很薄的画册。

你去问问小鸭子风在哪里吧。

小鸭子在河里到处游玩，应该会知道的。”

小熊沿着河堤走着，遇到了小鸭子。

“你好呀，小鸭子！你知道风住在哪儿吗？”

“我不知道呀！你为什么这么问呢？”

“风把我的帽子和围巾带走了，我要找回来。”

“真的吗？那能把我的水杯也找回来吗？

那是我的水杯，能装很多水的水杯。

你去问问小鼹鼠风在哪里吧。

小鼹鼠在地里的各个角落跑来跑去，应该会知道的。”

找两个相同的杯子，一杯盛很多水，一杯盛一点儿水。让孩子进行比较，看看是否能辨别多和少。如果不知道的话，告诉孩子可以通过看水的高度得知。

小熊立马就去找小鼹鼠。

“你好呀，小鼹鼠！你知道风在哪儿吗？”

“嗯嗯，我知道。可是，你为什么要找风呀？”

“风带走了我的帽子和围巾，我想找回来。”

“真的吗？那么，能把我的球也找回来吗？那是一个很轻的球。我告诉你风的家在哪儿。”

指着图中的小熊和小鼹鼠，试着问孩子：“小熊和小鼹鼠，谁更重？”让孩子自然地学会使用“重”“轻”。

小熊按照小鼹鼠说的路线去寻找风。

小熊先翻过两座大山，

又走过一条长长的大桥，

最后越过一个陡峭的悬崖，

终于在一座小山峰上见到了风。

“风啊！风啊！

快把我的帽子和围巾还给我。”小熊大声说道。

风呼呼地回答说：

“怎么办呢？我的仓库里有很多相似的东西……”

“没关系，我去找找。”

风带着小熊来到了一个巨大的仓库。

风拿出一个帽子，问道：

“这个帽子是你的吗？”

“不是的，这个帽子太小了呀！

那边的大帽子是我的。”

让孩子比较两个帽子，试着说“大”“小”。接下来比较图片中的三个帽子，让孩子试着说“最大的帽子”“最小的帽子”。

让孩子先比较风拿着的两条围巾，试着说“长”“短”。接下来，比较图中的三条围巾，让孩子试着说“最长的围巾”“最短的围巾”。

“现在，东西都找到了吧？”风问道。

小熊回答说：“我来的路上，遇见了小兔子，它让我帮它找画册。”

风拿出来两本画册，问道：

“哪一本是小兔子的画册呀？”

“它说是薄的……啊，是这个。这上面不是画着小兔子吗？”小熊回答。

让孩子看厚度不同的两本书，告诉孩子“厚”“薄”。

“现在，东西都找到了吧？”风又问道。

小熊说：“我来的路上，遇见了小鸭子，它让我帮它找水杯。”

风拿出两个水杯，问道：

“哪一个是小鸭子的水杯呀？”

“小鸭子说是能装很多水的水杯，就是这个。”

小熊指着长长的水杯说。

“不是的，只看水杯的形状，是不能确定的。”
风把两个水杯里装的水，
分别倒在两个相同的杯子里，
“这个才是能装很多水的水杯。”
风把扁平的水杯给了小熊。

想知道形状和大小不同的容器里盛水量的多少，可以把水倒入形状和大小相同的容器中。

“现在，东西都找到了吧？”风又问道。

小熊说：“很抱歉，我还要找小鼹鼠的球。”

风拿出两个球问道：

“哪一个是小鼹鼠的球啊？”

“它说是轻的球。就是这个。”

小熊指着棒球说道。

“哈哈哈，小球不一定就是轻的。
你拿拿看。”风把球给了小熊。
小熊每只手都举起了一个球。
“咦？怎么大球很轻，小球却很重呀？
那么，这个大球才是小鼹鼠的球吧。”

这里比较小却重、大却轻的东西。可以让孩子自己拿着苹果和大气球来比较。

“还有要找的东西吗？”风接着问道。

小熊高兴地说：“没有了，都找到啦！

有你的帮助，很快就都找到了。”

小熊和风道别后，就往回走。

它越过陡峭的悬崖，

走过一条长长的大桥，

又翻过两座大山，

回到了树林中。

小熊把找到的东西分别交给了小鼹鼠、

小鸭子和小兔子。

“哈，是我的画册！”

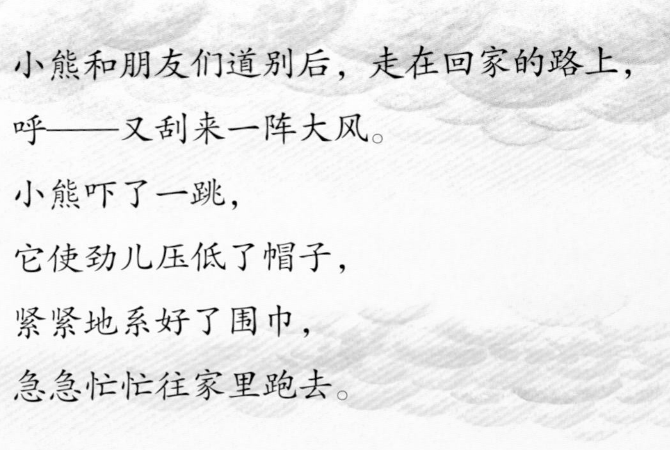

小熊和朋友们道别后，走在回家的路上，

呼——又刮来一阵大风。

小熊吓了一跳，

它使劲儿压低了帽子，

紧紧地系好了围巾，

急急忙忙往家里跑去。

水多，水少

三个瓶中分别装了红色、蓝色、黄色的水。

红色的水和蓝色的水，哪种颜色的水更多呢？

水放在形状和大小都相同的瓶中时，

水位高的水多，对吧？

这里，红色的水更多。

那么，蓝色的水和黄色的水，哪种颜色的水更少呢？
它们放在形状和大小都不同的瓶子中时，
只通过水的高度，无法比较。
要把它们倒在完全一样的瓶子中，才能知道。
这里，黄色的水少。

把形状和大小都相同的三个瓶子整齐地放在一起。
试着把它们按照所盛水量的多少排排队。

重，轻

熊妈妈、小熊和小鸭子比体重。

熊妈妈和小熊，谁更重呢？

同样的动物中，个头大的、胖的更重。

看看，因为熊妈妈更重，所以在下面了。

因为小熊更轻，就在上面了。

小熊和小鸭子，谁更轻呢?
不同的动物之间，只通过比大小，
看不出谁重谁轻。
那么，让它们坐一下跷跷板吧。
重的动物沉了下去，
轻的动物翘了起来，
所以，小熊和小鸭子比较，小鸭子更轻。

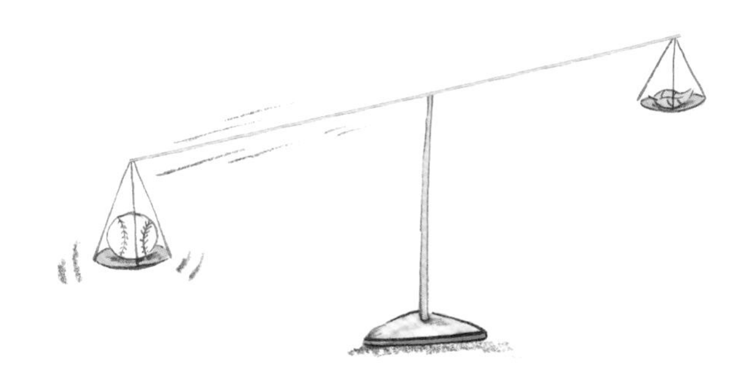

在天平上放上棒球和树叶。
哪个重，哪个轻呢?

在支架上放上苹果和书，
哪个重，哪个轻呢?

三个物品的比较

两两相互比较就可以

现在孩子已经学会比较两个物品的大小、长短、高低了吧？在这里，试着比较三个物品，并学会按顺序排列。不要把三个物品同时比较，因为这对孩子来说有难度。比较大小时，先拿开一个物品，比较剩下两个物品的大小。接下来，把这三个物品依次排列。让孩子看着这个排列，试着说出“大”“小”“很小”或者“小”“大”“很大”。在这个过程中，孩子会渐渐明白按从大到小或从小到大的顺序排列的意思。

“多”“少”可以用于比较数量，也可用于比较液体的量的多少。比较容器中水的多少时，不仅要看水的高度，还要考虑容器的大小、形状。要告诉孩子，当容器的大小和形状不同而无法直接比较时，应倒入大小、形状相同的容器中再作比较。

比较厚度时，用“厚”“薄”。厚度是指像书这样扁平的物品两面间的长度。可以用食指和拇指比画一下，试着告诉孩子“厚”“薄”。

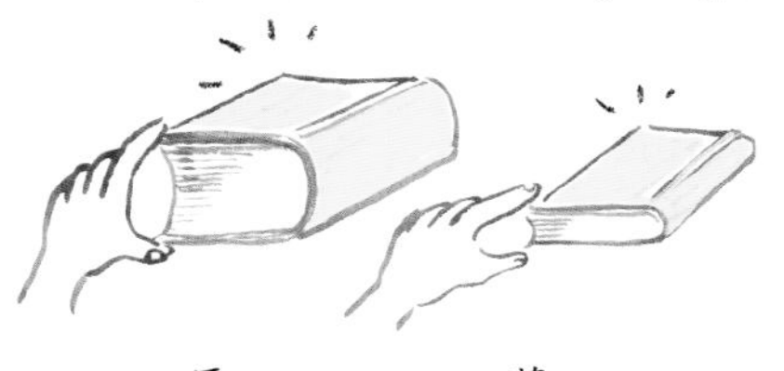

另外，比较重量时会用到“重”“轻”。坐跷跷板时，往下沉的一边是重的，往上翘起的一边是轻的。要帮助孩子通过各种体验来积累关于厚度和重量的知识。

和孩子一起玩的数学游戏

■准备三支长度不同的铅笔，再拿出其中一支。

1. 对孩子说“试着从长到短排列”。让孩子比较剩余的两支，试着说“长”“短”，再把三支铅笔放在一起，让孩子试着进行排列。

2. 看着排列好的铅笔，试着让孩子说“最长”“长”“短”。

■准备大小不同的饭盒（大号、中号、小号），把小饭盒依次放入大饭盒里。

1. 打开大号饭盒，把中号饭盒拿出来放旁边。

2. 再打开中号饭盒，取出小号饭盒放旁边。

3. 看着整齐排列的饭盒，试着让孩子说“最大”“大”“小”。

数学邦 Maths Kingdom

唤醒每一个孩子沉睡的数学天赋！

（全12册）

| 数学邦 |

月亮先生生病了

[韩] 申惠恩 / 著　[韩] 李炯镇 / 绘　李珣英　许红敬 / 译

中原出版传媒集团
中原传媒股份公司

大象出版社
·郑州·

图书在版编目（CIP）数据

数学邦．月亮先生生病了 /（韩）申惠恩著；（韩）李炯镇绘；李珣英，许红敬译．— 郑州：大象出版社，2019.6

ISBN 978-7-5711-0183-1

Ⅰ．①数… Ⅱ．①申… ②李… ③李… ④许… Ⅲ．①数学 — 儿童读物 Ⅳ．① O1-49

中国版本图书馆 CIP 数据核字（2019）第 089604 号

豫著许可备字 -2019-A-0090

数学邦：月亮先生生病了

SHUXUE BANG: YUELIANG XIANSHENG SHENGBING LE

[韩] 申惠恩 著 [韩] 李炯镇 绘 李珣英 许红敬 译

出 版 人 王刘纯
策　　划 董中山
特邀策划 封路路
责任编辑 刘丹博
特约编辑 封路路
责任校对 安德华
封面设计 徐胜男

出版发行 大象出版社（郑州市郑东新区祥盛街 27 号 邮政编码 450016）
发行科 0371-63863551 总编室 0371-65597936
网　　址 www.daxiang.cn
印　　刷 湖南天闻新华印务有限公司
经　　销 各地新华书店经销
开　　本 787mm × 1092mm 1/24
印　　张 1.5
字　　数 50 千字
版　　次 2019 年 6 月第 1 版 2019 年 6 月第 1 次印刷
定　　价 228.00 元（全 12 册）

豆豆和朋友们一边唱歌一边做游戏：

“月亮先生，月亮先生，

圆圆的月亮先生，我们非常喜欢你！”

有一天，豆豆望着窗外，
不禁大吃一惊：
“哎呀！月亮先生变小了！
他好像生病了！”

问问孩子“在豆豆家的窗外看见了什么”，然后指着自家的窗外，让孩子说说看到的东西。

“月亮先生，月亮先生， 坚持一下！
我马上为你治病！”
豆豆拿出一个听诊器。

问问孩子“豆豆家里有什么东西”，然后让孩子说说自己家里有什么东西。

豆豆从树上的家跳下来，
“咚咚咚”，向着月亮跑去，边跑边喊：
“月亮先生生病了！月亮先生生病了！”

问问孩子“豆豆的家在哪里”，如果孩子答不出来，可以告诉孩子豆豆的家在一棵树上。

“什么？月亮先生生病了？

那我们也去看看！”

问问孩子“鳄鱼和兔子在哪里”，指着图画告诉孩子房子建在水面上，他们站在房子前面。

“月亮先生，月亮先生，坚持一下！
我们为你治病！”
鳄鱼和兔子拿出药和注射器。

鳄鱼和兔子越过一座小山丘，
跟在豆豆后面，边跑边喊：
“月亮先生生病了！月亮先生生病了！”

“什么？月亮先生生病了？
那我也要赶快去看看！”
问问孩子“谁跑在豆豆的后面，再后面又是谁，豆豆和兔子之间是谁”。

“月亮先生，月亮先生，坚持一下！

我马上为你治病！”

鼹鼠拿出绷带。

鳄鱼紧跟在豆豆后面，
兔子紧跟在鳄鱼后面，
鼹鼠紧跟在兔子后面，
他们小心翼翼地过桥。
“哎呀！我们应该带个梯子去！”
最后面的鼹鼠叫道。

问问孩子“最前面和最后面是谁”。

“月亮先生，月亮先生，坚持一下！
我们马上带梯子来！”
鳄鱼跑在豆豆前面，
兔子跑在鳄鱼前面，
鼹鼠跑在兔子前面，
大家一路跑着。

问问孩子“最前面和最后面的动物分别是谁”，告诉孩子“方向反过来后，最前面和最后面的动物同样也会反过来”。

兔子在鼹鼠前面，
鳄鱼在兔子前面，
豆豆在鳄鱼前面，
他们抬着梯子往山上爬。

问问孩子“鼹鼠的前面是谁，再前面是谁，再前面是谁”，反过来问一下“豆豆的后面是谁，再后面是谁，再后面是谁”，也可以问问豆豆和鼹鼠之间是谁。

一二，一二！
一二，一二！

“月亮先生，月亮先生，坚持一下！”
兔子在鼹鼠上面，
鳄鱼在兔子上面，
豆豆在鳄鱼上面，
大家沿着梯子往上爬。

问问孩子“鼹鼠的上面是谁，再往上是谁，再往上是谁”，反过来问一下“豆豆的下面是谁，再往下是谁，再往下是谁”，然后再问一下“鳄鱼和鼹鼠之间是谁”。

“月亮先生，月亮先生，坚持一下！”
豆豆用听诊器听月亮先生哪里有问题，
鳄鱼给月亮先生慢慢地喂药，
兔子给月亮先生轻轻地打针，
鼹鼠给月亮先生柔柔地缠绷带。
“月亮先生，月亮先生，你会好起来的！”

豆豆和朋友们
静静地、悄悄地
回家了。

“哇！你看，月亮先生在笑呢！
他已经好了！”

豆豆跟朋友们开心地唱着歌：

“月亮先生，月亮先生，圆圆的月亮先生，

我们最喜欢你了。”

让孩子像豆豆一样举起右手向月亮挥舞，像鳄鱼一样举起左手向月亮挥舞。孩子挥手时，有节奏地对孩子说“挥右手！挥左手！”

朋友们，你们在哪里啊？

豆豆正在找朋友们。我们跟他一起找朋友们吧！

不在这座小丘上，

也不在房子前面，

不在围栏外面，
也不在树下面，
豆豆在山洞里找到了朋友们！
“朋友们，跟我一起玩吧！”
“我们玩什么？”
“出去就知道啦！”
“豆豆，你右手拿的什么东西呢？”
“跟我一起走的话，我就告诉你们！”

豆豆、鳄鱼、兔子和鼹鼠一起走着。
看看豆豆在哪里。
在最前面
在鳄鱼和兔子之间
在最后面
在最下面

“到了，奶奶！祝您生日快乐，我带来了美味的饼干！”

“谢谢你们！快进来吧！”

最前面、最后面、最上面、最下面、中间

可以说最前面，可以说最后面，也可以说中间、什么和什么之间

在这里，先学习两个物体的位置关系，再学习三个以上物体的位置关系。“兔子在鼹鼠前面，鳄鱼在兔子前面，豆豆在鳄鱼前面”，这意味着“鳄鱼在豆豆后面，兔子在鳄鱼后面，鼹鼠在兔子后面”。

大家可能会认为两个物体的位置关系和三个以上物体的位置关系差不多。但是三个以上物体的位置关系，即使物体的顺序不变，不同方向也有不同的表达方式，所以比两个物体的位置关系复杂得多。比如说，孩子在兔子前面，鳄鱼在孩子前面的时候，孩子在兔子前面，同时也在鳄鱼后面。但是他们都反过来的话，孩子在兔子后面，同时也在鳄鱼前面。所以，三个以上物体的位置关系中出现了“中间”和“什么和什么之间”的新的表达方式。即，可以说“孩子在中间”“孩子在兔子和鳄鱼之间”。

四个物体的位置关系中没有中间的概念，只能说“什么和什么之间”。比如，按鳄鱼、兔子、孩子、鼹鼠的顺序站的话，可以说“兔子和孩子在鳄鱼和鼹鼠之间”“孩子在兔子和鼹鼠之间”。

此外，还要学习最前面、最后面、最上面、最下面的表达方式。“最”是“极”的意思，可以说最前面，也可以说最后面；可以说最上面，也可以说最下面。

✿ 和孩子一起玩的数学游戏

■把玩具汽车、飞机、船等排成一排，让孩子试着说“飞机在汽车前面”“船在飞机前面”。也可以问孩子“最前面是什么，最后面是什么，汽车和船之间是什么”。

■把梨、苹果、橘子摞起来，让孩子有节奏地说“苹果在梨上面，橘子在苹果上面，苹果在橘子下面，梨在苹果下面”。也可以问孩子“梨和橘子之间是什么，最上面是什么，最下面是什么”。

数学邦 Maths Kingdom

唤醒每一个孩子沉睡的数学天赋！

（全12册）

| 数学邦 |

小老鼠和魔法师

[韩] 金长成 / 著　[韩] 金钟棹 / 绘　许倩 / 译

中原出版传媒集团
中原传媒股份公司

大象出版社
· 郑州 ·

图书在版编目（CIP）数据

数学邦．小老鼠和魔法师 /（韩）金长成著；（韩）金钟棹绘；许倩译．— 郑州：大象出版社，2019.6
ISBN 978-7-5711-0183-1

Ⅰ．①数… Ⅱ．①金… ②金… ③许… Ⅲ．①数学 — 儿童读物 Ⅳ．① O1-49

中国版本图书馆 CIP 数据核字（2019）第 089591 号

数学邦：小老鼠和魔法师
SHUXUE BANG: XIAO LAOSHU HE MOFA SHI

［韩］金长成 著　［韩］金钟棹 绘　许倩 译

出 版 人　王刘纯
策　　划　董中山
特邀策划　封路路
责任编辑　宋海波　邓　杨
特约编辑　张　萍
责任校对　裴红燕
封面设计　徐胜男

出版发行　大象出版社（郑州市郑东新区祥盛街 27 号　邮政编码 450016）
　　　　　发行科　0371-63863551　总编室　0371-65597936
网　　址　www.daxiang.cn
印　　刷　湖南天闻新华印务有限公司
经　　销　各地新华书店经销
开　　本　787mm × 1092mm　1/24
印　　张　1.5
字　　数　50 千字
版　　次　2019 年 6 月第 1 版　2019 年 6 月第 1 次印刷
定　　价　228.00 元（全 12 册）
若发现印、装质量问题，影响阅读，请与承印厂联系调换。
印厂地址　湖南省长沙市望城区银星路 8 号湖南出版科技园
邮政编码　410219　　　电话　0731-88387871

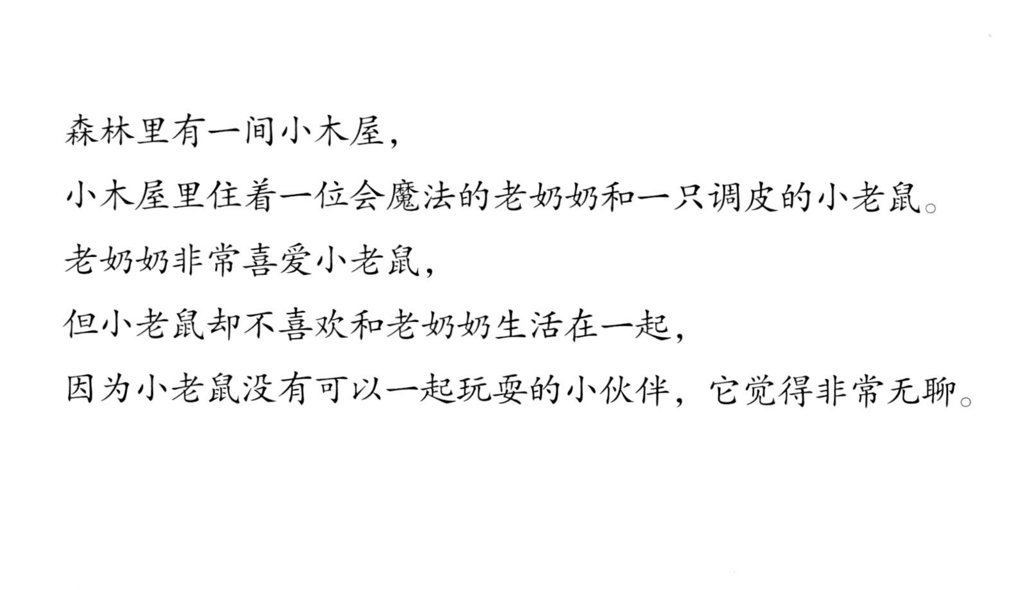

森林里有一间小木屋，

小木屋里住着一位会魔法的老奶奶和一只调皮的小老鼠。

老奶奶非常喜爱小老鼠，

但小老鼠却不喜欢和老奶奶生活在一起，

因为小老鼠没有可以一起玩耍的小伙伴，它觉得非常无聊。

有一天，小老鼠看到了老奶奶施魔法的样子。
“魔法魔法变变变，大麦豆糕！咿呀！砰！”
老奶奶戴着魔法戒指，念出了咒语。
然后，她一会儿变成小丑，一会儿又变成圣诞老人。
小老鼠惊呆了，心想：
“我也要施魔法，那样就可以交到朋友了。”

小老鼠偷偷拿走了老奶奶的戒指，跑到了外面。

它看到一群小鸭子正在河边玩耍，心想：

“我要变成可爱的小鸭子。”

于是，它念出了咒语：

“魔法魔法变变变，大麦豆包！咿呀！砰！”

变身后的小老鼠来到小鸭子们身边：

“我和你们长得一模一样吧？我们做朋友吧！”

“不，不，你和我们不一样。”小鸭子们回答。

请告诉孩子：虽然小鸭子和小鸡看上去很像，但仔细观察，可以发现它们的嘴巴和脚是不一样的，它们是习性不同的两种动物。

小鸭子们 “扑通扑通”跳进了水里。

小老鼠着急了，喊道：“小伙伴们，我们一起走吧！”

于是，它也 “扑通”一声跳进了水里。

但不管小老鼠怎么扑腾，都没法游泳。

“哎呀，我怎么变成了小鸡而不是小鸭子？是哪里出错了呢？”

请告诉孩子：因为小鸭子的脚上有蹼，毛也不会湿，所以它们可以在水里游泳，但小鸡却不能游泳。

小老鼠走进森林里寻找朋友。

它看到两只美丽的孔雀正在玩耍，心想：

“这次我要变成美丽的孔雀。”

于是，它念出了咒语：

“魔法魔法变变变，大麦豆饭！咿呀！砰！”

变身后的小老鼠来到孔雀们身边。

“我和你们长得一模一样吧？我们做朋友吧！”

“不，不，你和我们不一样。”孔雀们说。

请让孩子找出与孔雀很像的山鸡，并让孩子试着说说这只山鸡的头、羽毛和孔雀有什么不同。

孔雀张开了尾巴。

“哇，好美啊！我也要张开尾巴。”小老鼠想。

但是不管小老鼠怎么用力，都张不开自己的尾巴。

“哎呀！我怎么变成了山鸡而不是孔雀？是哪里出错了呢？”

请告诉孩子：孔雀和山鸡是亲戚。但是孔雀开屏时，尾巴就会变成美丽的扇子模样，而山鸡却不能。

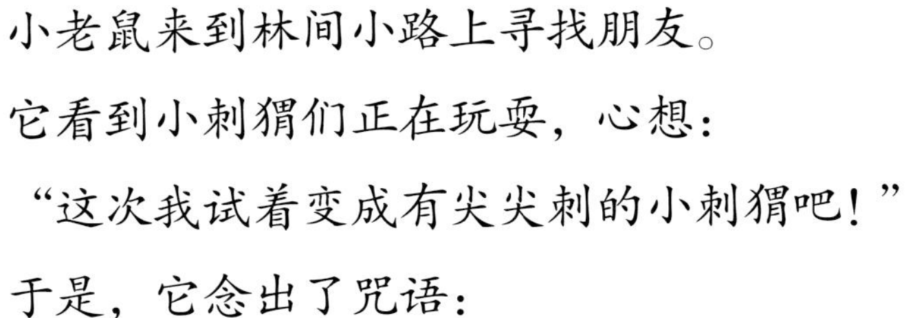

小老鼠来到林间小路上寻找朋友。

它看到小刺猬们正在玩耍，心想：

“这次我试着变成有尖尖刺的小刺猬吧！”

于是，它念出了咒语：

“魔法魔法变变变，大麦豆糖！咿呀！砰！”

变身后的小老鼠对小刺猬们说道：

“我和你们长得一模一样吧？我们做朋友吧！”

“不，不，你和我们不一样。”小刺猬们回答。

请问问孩子小刺猬和毛栗子的相同点和不同点。虽然它们都有刺，但是小刺猬有脚，可以到处走动，而毛栗子却不能。

小刺猬们小心翼翼地走开了。

小老鼠想跟着它们一起走，

但是它却怎么动都动不了。

这时，它看到一只小猴子爬到了树上，心想：

“呀，是可爱的小猴子！我要变成小猴子。”

于是，它念出了咒语：

“魔法魔法变变变，大麦豆汤！咿呀！砰！”

“小伙伴们，我和你们长得一模一样吧？我们做朋友吧！”

“好呀好呀，我们一起玩吧。”

“哈哈！这次终于变成功了。”

小老鼠开心地喊道。

但一只小猴子却摇着头说道：

“等一下！你和我们不太一样。”

请让孩子找出那只不太一样的小猴子，并让孩子试着说说它和其他小猴子哪儿不一样。

“哎呀，我的尾巴怎么是浣熊的尾巴？

老奶奶的魔法戒指真是差劲。

我要重新变成小老鼠。

魔法魔法变变变，大麦豆饼！咿呀！砰！”

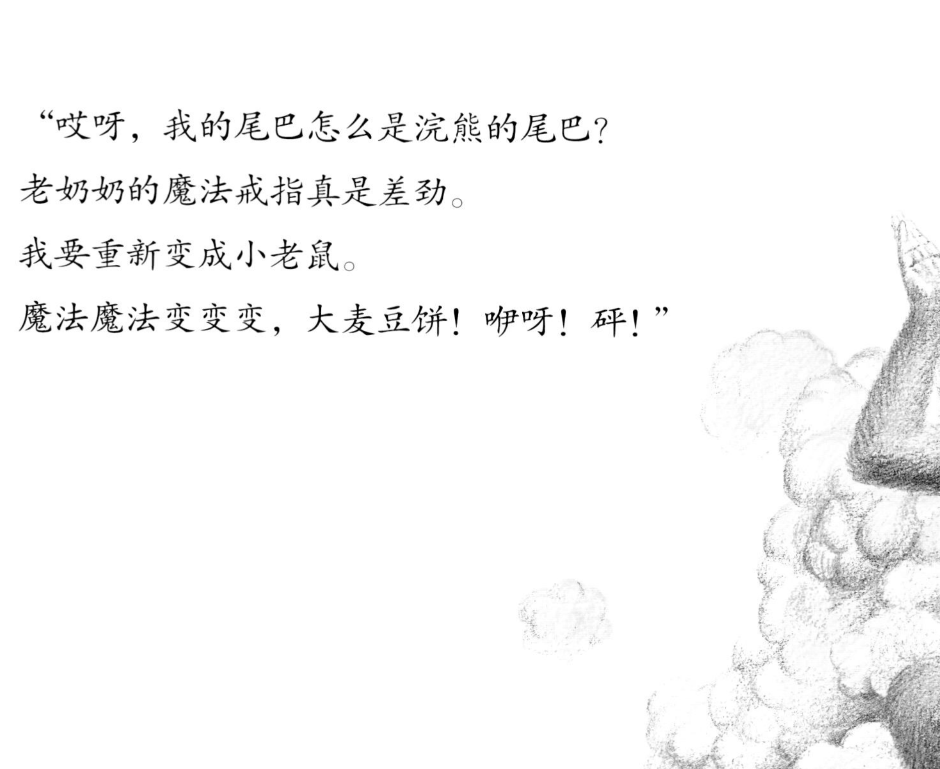

但是这一次，小老鼠变成了一只小鼹鼠。

小老鼠再次念出了咒语：

“魔法魔法变变变，大麦豆糖！咿呀！砰！”

天哪！这次小老鼠变成了一只花栗鼠。

“小老鼠！小老鼠！”

这时，会魔法的老奶奶一边呼唤着小老鼠，一边跑了过来。

小老鼠很害怕，它担心老奶奶会责骂自己。
于是，它躲进了正好经过的小松鼠中间。
“谁是小老鼠啊？”
老奶奶仔细寻找着。
“啊哈，找到了！”

请让孩子找出花栗鼠，并问问孩子花栗鼠和小松鼠有什么区别。

“魔法魔法变变变，大麦豆糕！咿呀！砰！”

老奶奶准确地念出了咒语。

小老鼠终于变回了老鼠的样子。

老奶奶紧紧地抱住了小老鼠。

不一样的小动物

小动物们一起出去玩啦！
仔细看看，有一只不一样的小动物哦！
是谁呢？请你指出来。

对啦！是那只走在最后面的小鸭子。
小鸡和小鸭子哪里不一样呢？

小动物们在表演翻跟头。

仔细看看，这里也有一只不一样的小动物哦！

是谁呢？请你指出来。

对啦！有一只小猴子在狐狸中间表演倒立呢！

狐狸和小猴子哪里不一样呢？

企鹅们一摇一摆地走来了。

请你找出躲在企鹅中间的老鹰。

企鹅和老鹰，谁会飞？谁会游泳？

山羊们在草地上玩耍。

啊，还有不是山羊的小动物呢！

请你把它们找出来。

山羊和绵羊哪里不一样呢？

山羊的头上有尖尖的角，

下巴上还有胡须。

绵羊的头上有螺旋状的角，

身上长满了卷卷的毛。

先观察，再区分

虽然外表看上去很像，但是它们是不同的

你和我不一样！

有些动物乍一看长得很像，但仔细观察的话，我们会发现它们的特征完全不一样，名称也不同。比如，小鸡和小鸭子长得很像，但是它们却是不同的。小鸭子的脚上有蹼，所以它会游泳，毛也不会弄湿，还可以捉水里的鱼虾作为食物。但是小鸡却不能游泳，所以它和小鸭子是不一样的。

如果不同的动物做出相似的动作，孩子可能会认为它们是相同的动物。比如，小猴子和狐狸做出相同的动作，它们看上去就很相似。即便这样，也不能说小猴子是狐狸。

另外，小猴子不能因为有浣熊的尾巴就称为浣熊。看到小猴子长着浣熊的尾巴，我们就会觉得“啊，哪里有点奇怪”。“浣熊”不只是一种动物名称。

所有的动物都有各自的特点，所以它们的名称也各不相同。观察动物的时候，如果能够综合考虑它们的名称和特征，就不会被其外表蒙骗。孩子都有着非常强烈的好奇心，请家长们平时多给孩子讲讲动物的特征，这对孩子的智力发展有很大帮助。

和孩子一起玩的数学游戏

■ 选择一种孩子熟悉的动物，把这种动物身体的某一部分画成其他动物身体的某一部分，然后问问孩子哪里有异常。

例：在狮子的头上画上兔子的耳朵，然后问孩子："这是狮子。吼吼吼！大狮子。咦，哪里有点奇怪呢？"

■ 把牙刷、铅笔、勺子等物品放在一起，然后假装做出一些错误的用法。问问孩子这些物品的正确用法是什么。

例：假装用铅笔刷牙，如果孩子能发现这是错误的用法，就让他试着找出用来刷牙的物品。

■ 玩动物玩偶的时候，告诉孩子每个动物的特征。

例：小熊玩偶——我们只在晚上睡觉，而小熊整个冬天都在睡觉。

小兔子玩偶——小兔子的后腿很长，所以它可以蹦蹦跳跳地跑来跑去，但是它不能游泳。

小鱼玩偶——小鱼生活在水里，它摇着尾巴到处游来游去。

数学邦 Maths Kingdom

唤醒每一个孩子沉睡的数学天赋！

（全12册）

| 数学邦 |

魔法好难

[韩] 曹恩受 / 著　[韩] 李庚国 / 绘　李珣英　许红敬 / 译

中原出版传媒集团
中原传媒股份公司
大象出版社
· 郑州 ·

图书在版编目（CIP）数据

数学邦．魔法好难 /（韩）曹恩受著；（韩）李庚国绘；李珣英，许红敬译．— 郑州：大象出版社，2019.6

ISBN 978-7-5711-0183-1

Ⅰ．①数… Ⅱ．①曹… ②李… ③李… ④许… Ⅲ．①数学 — 儿童读物 Ⅳ．① O1-49

中国版本图书馆 CIP 数据核字（2019）第 089596 号

数学邦：魔法好难

SHUXUE BANG: MOFA HAO NAN

［韩］曹恩受 著　［韩］李庚国 绘　李珣英　许红敬 译

出 版 人　王刘纯
策　　划　董中山
特邀策划　封路路
责任编辑　包　卉
特约编辑　连俊超
责任校对　裴红燕
封面设计　徐胜男

出版发行　大象出版社（郑州市郑东新区祥盛街 27 号　邮政编码 450016）
　　　　　发行科　0371-63863551　总编室　0371-65597936
网　　址　www.daxiang.cn
印　　刷　湖南天闻新华印务有限公司
经　　销　各地新华书店经销
开　　本　787mm × 1092mm　1/24
印　　张　1.5
字　　数　50 千字
版　　次　2019 年 6 月第 1 版　2019 年 6 月第 1 次印刷
定　　价　228.00 元（全 12 册）
若发现印、装质量问题，影响阅读，请与承印厂联系调换。
印厂地址　湖南省长沙市望城区银星路 8 号湖南出版科技园
邮政编码　410219　　　电话　0731-88387871

“我呀，是森林中最厉害的魔法师！
亲爱的徒弟小豆子，
今天我要教你怎样变成透明人。
首先你要去水井打水，
做魔法药水。
你一定得去小木屋和苹果树之间的
那口井打水，我需要那里的水。”

请跟孩子确认一下小豆子要去哪儿打水。

“我呀，是森林中最厉害的魔法师的徒弟！
咦，这里有三口井？到底是哪口井呢？
对了！师父说是小木屋和苹果树之间的井，就是那口。”

让孩子找找小木屋和苹果树，指出它们之间的井。然后，指着左边的井，告诉孩子：这口井在栗子树和小木屋之间。

“师父！师父！我把井水打来了。”

“没错吧？是从小木屋和苹果树之间的那口井中打的水吗？”

“没错！没错！”

“先放一把带壳的龙眼、一截弯曲的肉桂根和几块银色的魔法矿石进去，再倒入井水煮沸，魔法药水就制好了！”

"哎呀，忘了一件事！小豆子，你得去找一只青蛙，摸一摸它的右前腿。"

"呃——师父，哪一条才是青蛙的右前腿呢？"

"你还不知道啊？跟你的右手在同一侧的就是右前腿。小豆子，把你自己想象成一只青蛙，仔细想一想。"

"跟我的右手在同一侧？知道了！"

告诉孩子，青蛙的前腿相当于孩子的两只胳膊，青蛙的后腿相当于孩子的两条腿。

“师父！师父！

我已经摸过了青蛙的右前腿。”

“没错吧？你摸的是青蛙的右前腿吗？”

“没错！没错！它和我的右手在同一侧。”

“好的，小豆子，你先喝点儿魔法药水，然后跟我一起念咒语。”

让孩子边念咒语边像魔法师一样举手、抬脚。然后，让孩子看一下，小豆子有没有像魔法师那样举手、抬脚。

砰

砰

“哎呀！小豆子变成鳄鱼啦！”
“你说什么？没变成透明人，变成了鳄鱼？师父，到底是怎么回事呀？”

“小豆子——我忘记让你摸一摸鸟窝了。
你再去刚才打水的地方，
在你打水的井和小木屋之间有一棵树，
树上有鸟窝。
那里有好几个鸟窝，
你要摸一摸顶端的那一个。”

再跟孩子确认一下小豆子必须摸树上的哪个鸟窝。

“就是这棵树！

呃——可是有四个鸟窝。

顶端的鸟窝是哪一个呢？

对啦！就是那个！”

告诉孩子，最上面就是顶端。

“师父！师父！

我已经摸过树顶端的鸟窝啦！”

“太好了，这下一切都准备好了！

小豆子，再喝点儿魔法药水，

喝完就跟着我念咒语。

这次一定会成功！”

阿里阿里咚咚，斯里斯里咚咚，

举右手，三次啪啪啪。

让孩子边念咒语边像魔法师一样举手、抬脚。然后，让孩子指出和魔法师的手脚同侧的小豆子的手脚。

砰

砰

“天哪，小豆子变成了怪物！爪子像青蛙，尾巴像蜥蜴，眼珠像火鸡，鳞片像变色龙，牙齿像鳄鱼。”

“怎么办呀，师父？”

"咦，真奇怪！一个步骤也没遗漏，全都做了。你像我一样，举右手、抬左脚了吧？来！你自己举右手、抬左脚试试吧！"

让孩子说说小豆子举的是哪只手、抬的是哪只脚，然后让孩子举手、抬脚，帮助孩子分辨左右。

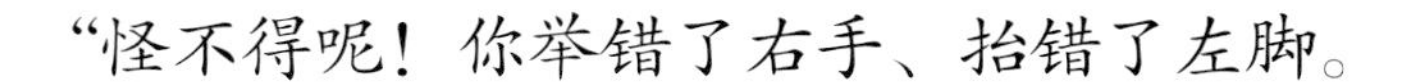
“怪不得呢！你举错了右手、抬错了左脚。

你还分不清左右啊！

小豆子，我现在举起的这只手就是右手啊！

再抬起和左手在同一侧的脚，那就是左脚呀！”

“右手，左脚。”

“是这样，就是这样！为避免你忘掉，

我帮你在右手手腕上系一条带子吧。”

让孩子确认一下，小豆子举的手、抬的脚是否和魔法师是同一侧。然后帮孩子在右手手腕上系一条带子，告诉孩子：和右手同一侧的就是右边。让孩子站在客厅，每次向右转90度，让孩子说说其右边有什么。

“小豆子，现在你再跟着我一起做，一起念咒语。”

砰
砰
砰

“小豆子，小豆子，你在哪儿呀？”
“师父，我在这里，就在乌鸦的右边。”
“在哪儿？”
“在猫咪的左边。”
“哈哈！做得不错！你会成为优秀的魔法师的！”

和乌鸦右翅同侧的就是乌鸦右边，和猫咪的左腿同侧的就是猫咪左边。让孩子确认一下小豆子是不是在乌鸦的右边、猫咪的左边。然后，让孩子说一说魔法师举的是哪只手。

右手·左手

小豆子举的是哪只手呢？

他举了右手。

他举了左手。

右脚·左脚

小豆子抬的是哪只脚呢?

他抬了右脚。

他抬了左脚。

右边·左边

小豆子和猫咪是从哪个门进去的呢？

小豆子是从左边的门进去的。

猫咪是从右边的门进去的。

小豆子和猫咪走的是哪条路?

小豆子走的是左边的路。

猫咪走的是右边的路。

右边·左边

学习左右位置关系

孩子用左、右手就可以学习左右位置关系。以自己为基准,“右手的方向”是右边,“左手的方向”是左边。因此，熟练分辨左、右手很重要。

左右位置关系比“前后”“上下”“里外”的位置关系难得多。即使教了孩子分辨左、右手，孩子也很容易混淆。为了更好地学习左右概念，帮孩子在右手手腕上系一条带子，反复告诉孩子那只手就是右手。

在左右位置关系当中，人面对面站时很难分辨左右。因为相向而立，左右是相反的。因此，先和孩子站在同一方向，教孩子分辨左右，然后相向而立，彼此先用右手握手，再用左手握手。

再次强调，左右的位置关系对于孩子来说不易分辨。不要认为日常生活的常用词语对孩子而言很简单。从现在开始帮孩子慢慢熟悉左右位置关系吧。通过做游戏，反复教孩子分辨左右。

和孩子一起玩的数学游戏

■帮助孩子在其右手手腕上系一条带子。

1. 告诉孩子，系了带子的手就是右手，没系带子的手就是左手。

2. 告诉孩子，跟系了带子的手同侧的脚是右脚，与没系带子的手同侧的脚是左脚。

3. 让孩子坐在桌子旁，拿两个碗分别摆在孩子的左右两边。告诉孩子，跟系了带子的手同侧的是右边，让孩子指出右边的碗。

■让孩子用手指前、后，上、下，右边、左边。

数学邦 Maths Kingdom

唤醒每一个孩子沉睡的数学天赋！

（全12册）

| 数学邦 |

谁的影子

[韩] 崔玉任 / 著　[韩] 吴承玟 / 绘　霍大伟 / 译

中原出版传媒集团
中原传媒股份公司
大象出版社
· 郑州 ·

图书在版编目（CIP）数据

数学邦．谁的影子／（韩）崔玉任著；（韩）吴承玟绘；霍大伟译．— 郑州：大象出版社，2019.6
ISBN 978-7-5711-0183-1

Ⅰ．①数… Ⅱ．①崔… ②吴… ③霍… Ⅲ．①数学 — 儿童读物 Ⅳ．① O1-49

中国版本图书馆 CIP 数据核字（2019）第 089595 号

数学邦：谁的影子

SHUXUE BANG: SHEI DE YINGZI

［韩］崔玉任 著 ［韩］吴承玟 绘 霍大伟 译

出版人 王刘纯
策　划 董中山
特邀策划 封路路
责任编辑 宋海波 邓 杨
特约编辑 连俊超
责任校对 裴红燕
封面设计 徐胜男

出版发行 大象出版社（郑州市郑东新区祥盛街 27 号 邮政编码 450016）
发行科 0371-63863551 总编室 0371-65597936
网　址 www.daxiang.cn
印　刷 湖南天闻新华印务有限公司
经　销 各地新华书店经销
开　本 787mm × 1092mm 1/24
印　张 1.5
字　数 50 千字
版　次 2019 年 6 月第 1 版 2019 年 6 月第 1 次印刷
定　价 228.00 元（全 12 册）
若发现印、装质量问题，影响阅读，请与承印厂联系调换。
印厂地址 湖南省长沙市望城区银星路 8 号湖南出版科技园
邮政编码 410219 电话 0731-88387871

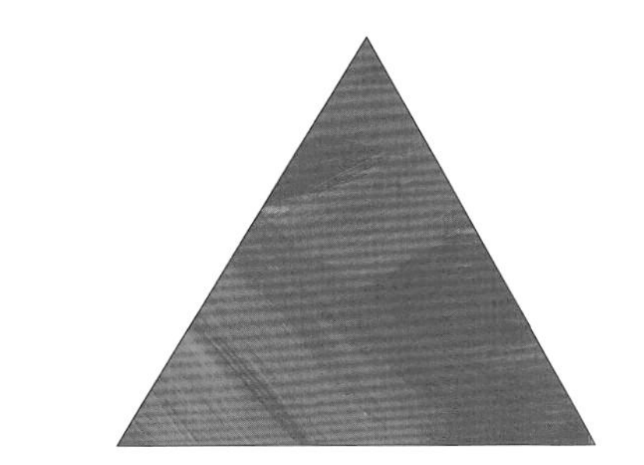

大家好！
我们给各位表演一些精彩的绝活儿，
请欣赏！

动物们摆弄着圆咕隆咚的东西，
在舞台上给大家做表演。
它们都在表演什么呢？

可以让孩子把圆形都找出来，并想一想这些分别是什么东西。

大熊骑着独轮车，嗖嗖嗖。
小猴子蹬着大圆鼓，咕噜噜。
小猫咪耍着瓷盘子，唰唰唰。

长颈鹿钻圆环，卡住了脖子，哎哟哟！

大猩猩钻椭圆环，卡住了身子，哎哟哟！

请给它们鼓掌！

可以让孩子把圆形的东西都找出来，说一说它们是什么；还可以让孩子指着大猩猩面前的椭圆环说："长长的圆叫椭圆。"

接着，动物们又摆弄着三角尖尖的东西，

开始表演绝活儿了。

它们都在表演什么呢？

可以让孩子把等边三角形都找出来，并想一想这些分别是什么东西。

小猫咪撑着等边三角形雨伞，摇摇晃晃。
大象举着等边三角形积木，轻轻松松。

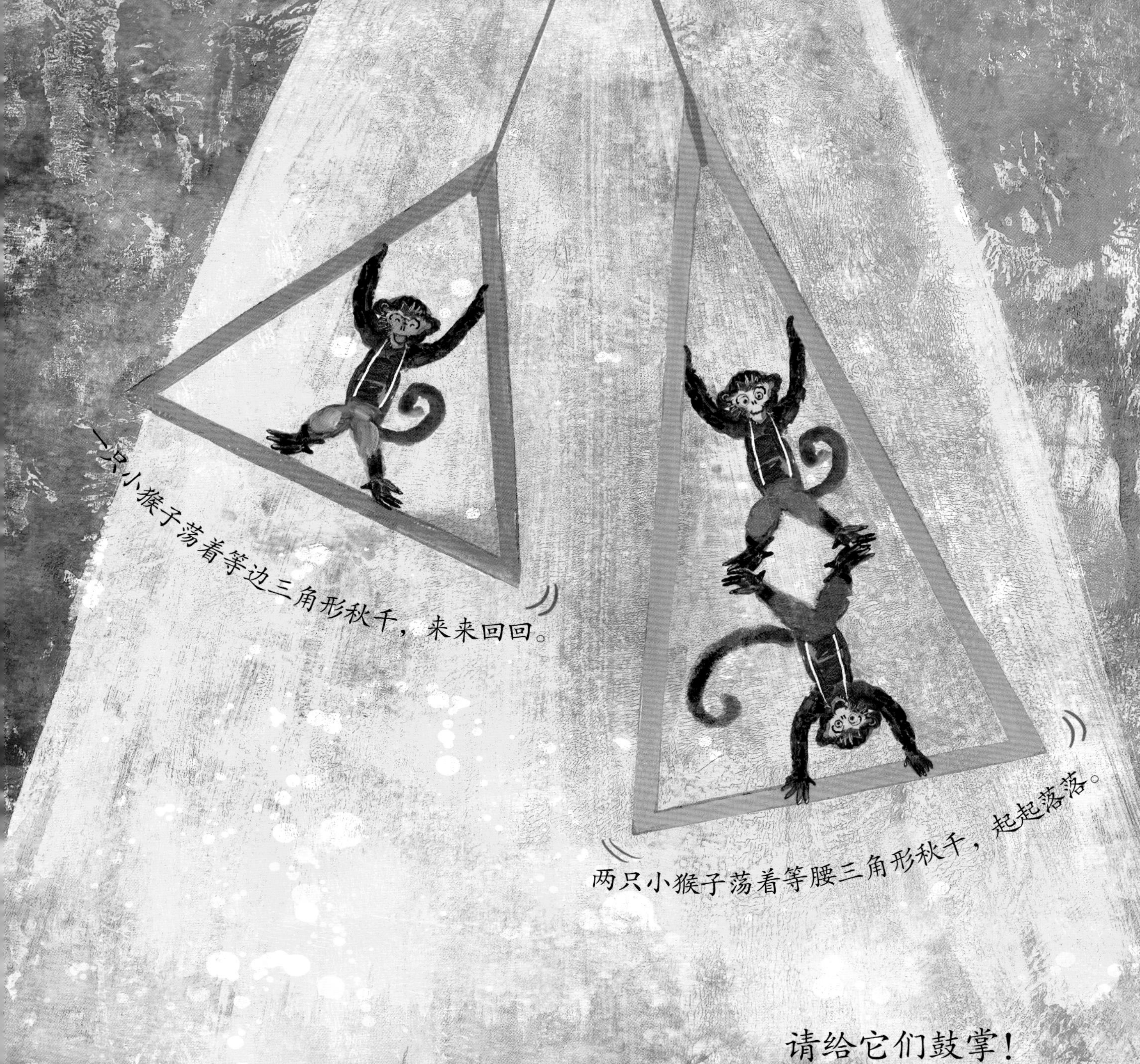

可以让孩子把三角形的东西都找出来，说一说它们是什么；还可以让孩子指着两只小猴子荡的秋千说："这个长长的三角形叫等腰三角形。"

接下来，动物们又摆弄着四四方方的东西，
开始表演绝活儿了。
它们都在表演什么呢？

可以让孩子把四边形都找出来，并想一想这些分别是什么东西。

大猩猩踩着正方形箱子，左摇右晃。
小猫咪举起正方形哑铃，呼哧呼哧。

鳄鱼缩在长方形盒子里，见头不见尾。

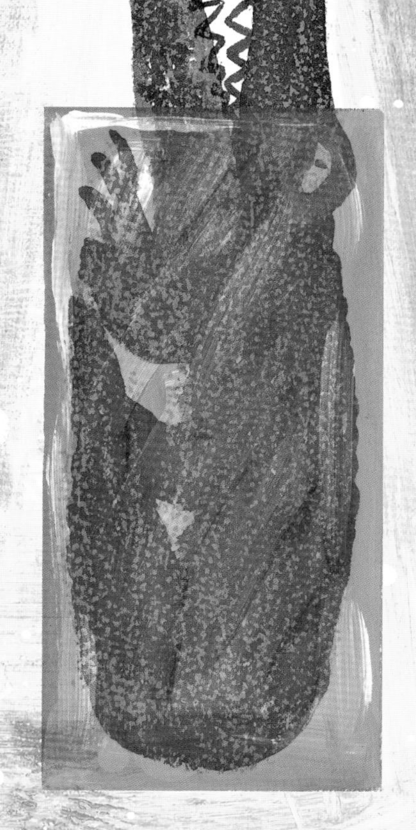

海狗缩在正方形盒子里，见尾不见头。

请给它们鼓掌！

可以让孩子把四边形的东西都找出来，说一说它们是什么；还可以

接下来请大家猜一猜，

动物们演奏用的是什么乐器？

猜对有礼物送哦！

可以让孩子仔细观察，并想一想它们是什么乐器的影子。

没错，答对啦！
送上很棒的礼物。

可以一边让孩子说“圆形的是大鼓和手摇铃，等边三角形的是三角铁，等腰三角形的是喇叭”，一边指导孩子在脑海中勾画乐器的形状；还可以让孩子从影子中找出圆形、等边三角形、正方形、椭圆形、等腰三角形、长方形。

请再猜一猜：

这些是什么的影子呢？

可以让孩子再想一些圆形、正方形、等边三角形的东西。

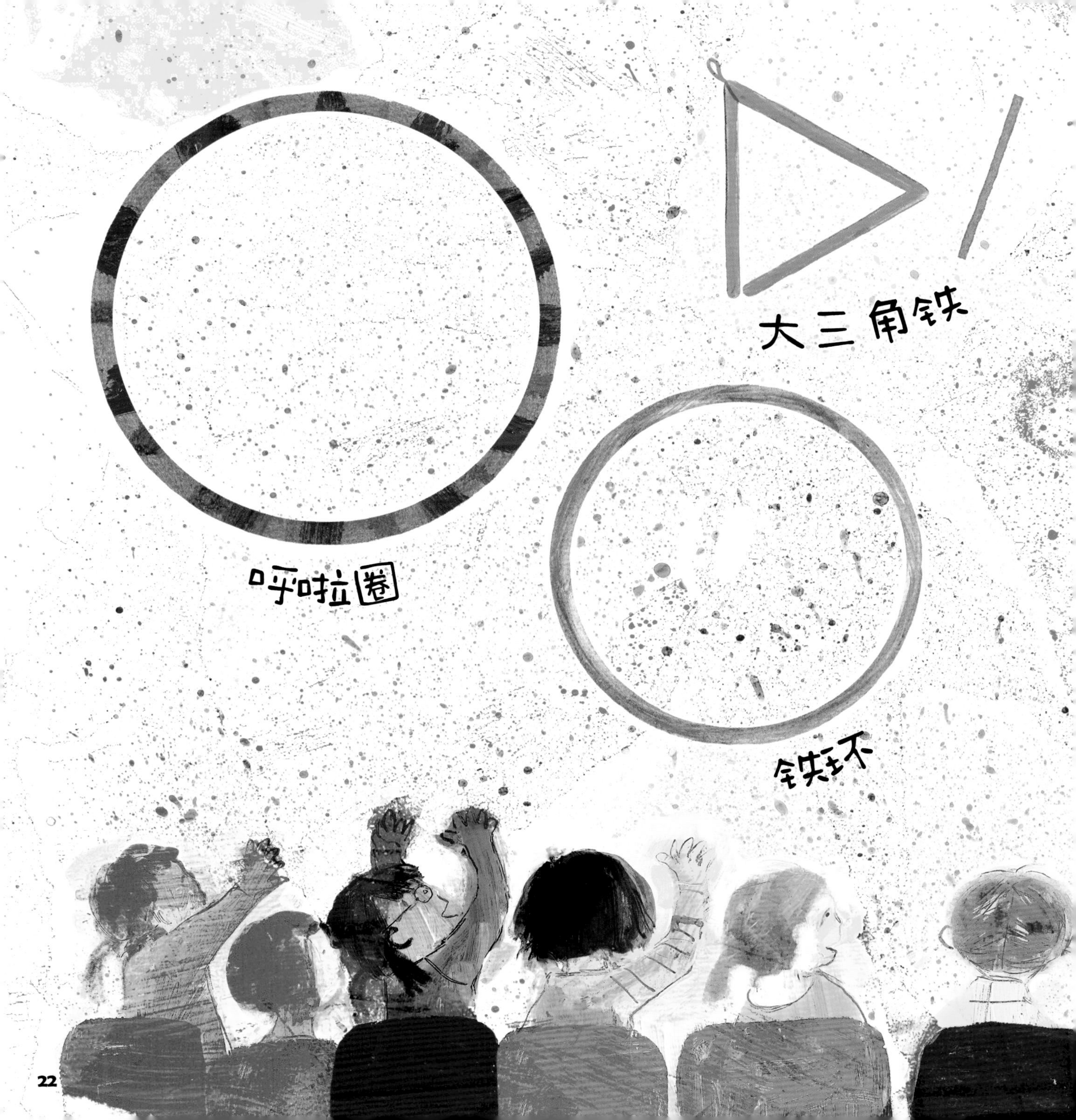
大三角铁
呼啦圈
铁环

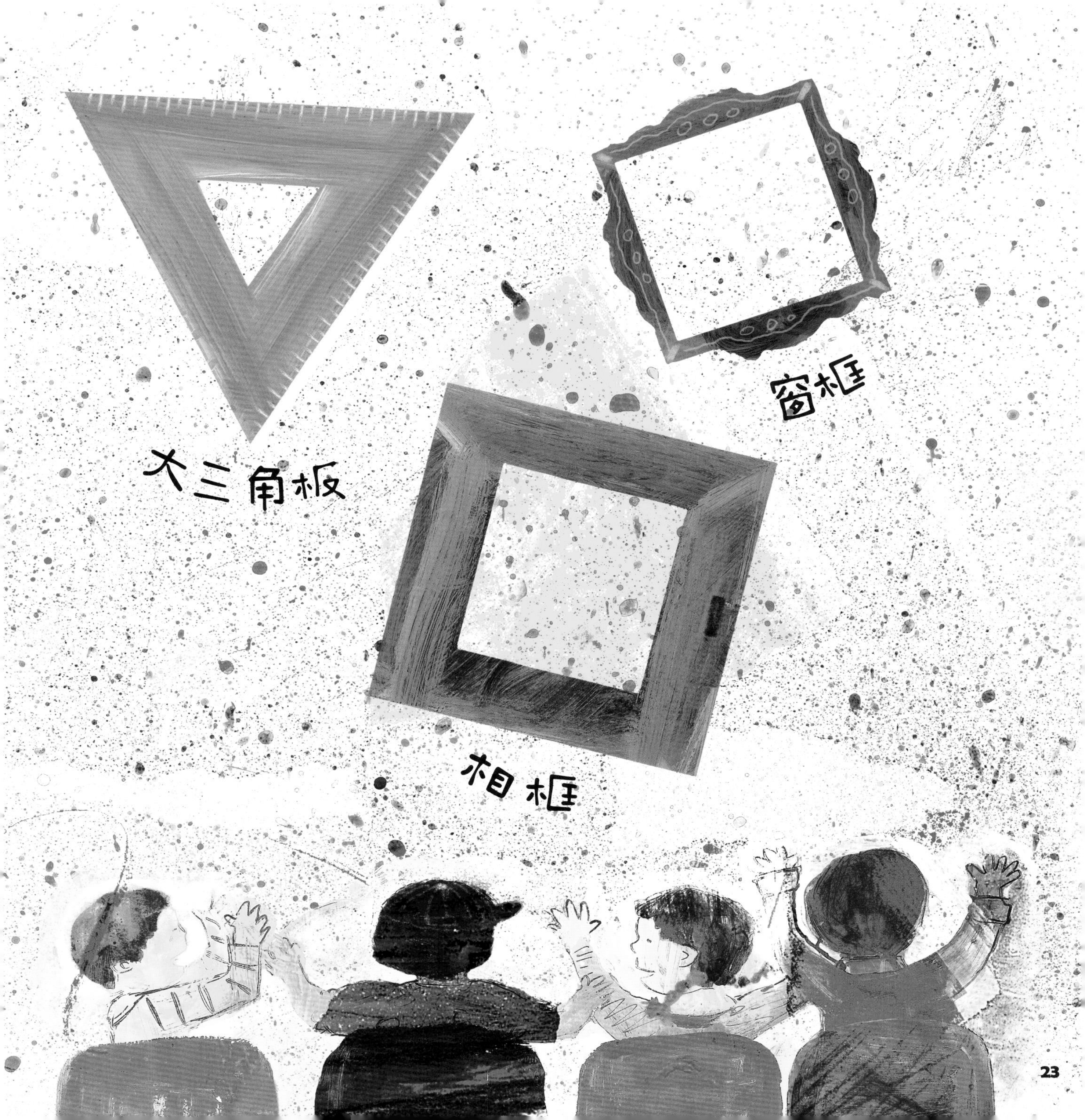
大三角板
窗框
相框

噔噔噔噔！

这些形状都是动物朋友们摆成的！

请给它们鼓掌！

可以让孩子根据动物们摆出的形状，用手指画出圆形、正方形、等边三角形；还可以让孩子说一说正方形和等边三角形分别是由几只猴子、几条鳄鱼组成的。

小朋友们，好玩儿吗？

那我们下次再见吧！

再见！

小伙伴们集合啦！

跟蛇一起来盘个圆圆的圈！

圆形的小伙伴们都来啦！

但是长长的那个小伙伴是谁呢？

是椭圆形！

跟蛇一起来摆个尖尖的三角形！

三角形的小伙伴们都来啦！

但是长长的那个小伙伴是谁呢？

是等腰三角形！

跟蛇一起来围个方方正正的四边形！

四边形的小伙伴们都来啦！

但是长长的那个小伙伴是谁呢？

是长方形！

把双胞胎找出来吧！

一样形状的小伙伴们集合啦！

请找出大小相同的等边三角形。

请找出大小相同的正方形。

请找出大小相同的圆形。

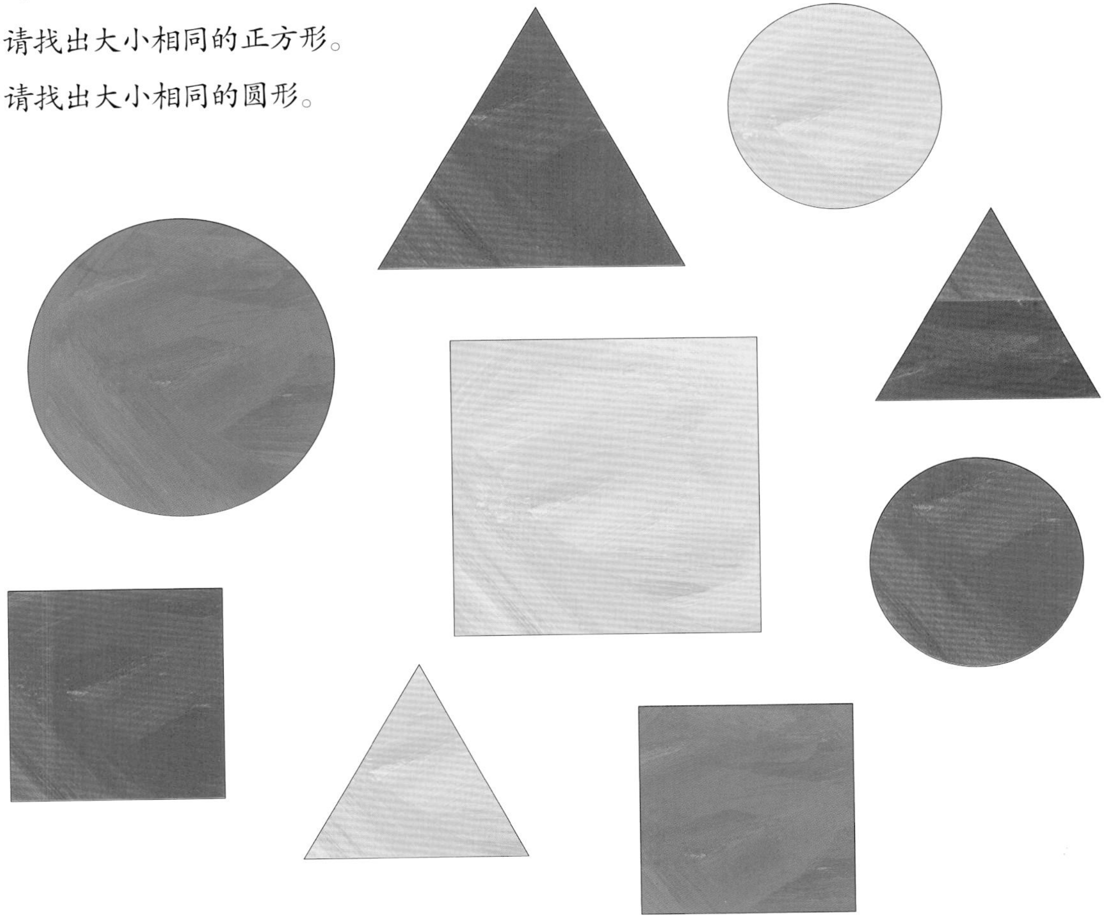

两个小等边三角形，两个小正方形，

两个小圆形，大小相同。

（可以用纸片做出相同的图形，放在相应的形状上。）

椭圆形、等腰三角形、长方形

这本书对圆形与椭圆形、等边三角形与等腰三角形、正方形与长方形进行了区分。

我们可以利用身边的物品让孩子认识圆形、等边三角形、正方形。在这本书中，我们将更进一步指导孩子学会观察各种物品的轮廓，让他们了解不同的形状：圆形的轮廓圆圆的，三角形的轮廓尖尖的，四边形的轮廓方方的。我们把某样东西称为圆形、三角形或正方形，这跟它本来的名称与特性没什么关系。也就是说这个东西无论是坐垫还是盘子，无论是硬的还是软的，无论是凉的还是热的，与它的形状没有关系。

为了突出物品的轮廓，这本书呈现了几样东西的影子。只要孩子注意观察这些轮廓，就能大致掌握形状之间的区别。

这本书让孩子在辨认圆形、等边三角形、正方形的同时，还学习辨认椭圆形、等腰三角形、长方形。可以指导孩子将这些特殊图形与基本图形的形状进行对比，让孩子观察哪里相同、哪里不同。

可以让孩子一边对比图形的影子，一边说：“哦，这个长长的，它叫长方形。”

可以指导孩子像玩游戏一样学习图形，这会让他们学习起来更轻松。

✿和孩子一起玩的数学游戏

■让孩子学会观察物品的轮廓，可以做一做影子游戏。玩法如下：拿手电筒照向铅笔、杯子、剪刀、玩偶、坐垫等物品，将它们的影子投在墙壁上，然后让孩子根据影子说出物品的名称。

■对于圆形、等边三角形、正方形之外的椭圆形、等腰三角形、长方形，还可以使用“高个子”“小胖子”“扁平脸”等有意思的拟人化称呼。

数学邦 Maths Kingdom

唤醒每一个孩子沉睡的数学天赋！

（全12册）

| 数学邦 |

去奶奶家

[韩] 辛知润 / 著　[韩] 郑泰琏 / 绘　佟姗姗 / 译

中原出版传媒集团
中原传媒股份公司
大象出版社
· 郑州 ·

图书在版编目（CIP）数据

数学邦．去奶奶家 /（韩）辛知润著；（韩）郑泰琏绘；佟姗姗译．— 郑州：大象出版社，2019.6
ISBN 978-7-5711-0183-1

Ⅰ．①数… Ⅱ．①辛… ②郑… ③佟… Ⅲ．①数学 — 儿童读物 Ⅳ．① O1-49

中国版本图书馆 CIP 数据核字（2019）第 089598 号

On the Way to Grandma's House

数学邦：去奶奶家

SHUXUE BANG: QU NAINAI JIA

［韩］辛知润 著　［韩］郑泰琏 绘　佟姗姗 译

出版人　王刘纯
策　划　董中山
特邀策划　封路路
责任编辑　侯金芳
特约编辑　连俊超
责任校对　张迎娟
封面设计　徐胜男

出版发行　大象出版社（郑州市郑东新区祥盛街 27 号　邮政[illegible]0016）
发行科　0371-63863551　总编室　0371-6559793[illegible]
网　址　www.daxiang.cn
印　刷　湖南天闻新华印务有限公司
经　销　各地新华书店经销
开　本　787mm × 1092mm　1/24
印　张　1.5
字　数　50 千字
版　次　2019 年 6 月第 1 版　2019 年 6 月第 1 次印刷
定　价　228.00 元（全 12 册）

若发现印、装质量问题，影响阅读，请与承印厂联系调换。
印厂地址　湖南省长沙市望城区银星路 8 号湖南出版科技园
邮政编码　410219　　电话　0731-88387871

小真今天要自己去奶奶家玩。

“小真啊，早点儿回来，经过树林的时候一定要小心啊！”

妈妈站在家门口送小真，一边挥手一边说。

“知道啦，妈妈，不用担心我。”

小真一边挥手一边对妈妈说。

在后文中，分别数一数小真在去奶奶家的路上帮助的小动物的数量，从小动物那里得到礼物的数量和方块的数量，看看这些数量是不是相同的。

小真沿着小路向前走，好像听到了什么声音。

她赶紧朝发出声音的地方跑去。

“救救我！救救我！”

原来是三只小松鼠不小心掉进了水坑，吓得直扑腾。

“别怕别怕，我来救你们！”

小真把三只小松鼠从水坑里救了上来。

“真是太谢谢你啦，请收下这个吧！”

三只小松鼠送给小真三个栗子。

小真收下三个栗子，放进小篮子里，又出发了。

走过了小路，出现了一条泥洼路。

小真沿着泥洼路走了一会儿，

又听到了奇怪的声音。

“呜呜呜，是谁弄坏了我们的窝？

谁能帮我们修好它？”

小真走过去一看，原来是两只小鼹鼠在伤心地哭。

“别担心，我来帮你们修吧。”

小真帮两只小鼹鼠修好了它们的窝。

“真的太感谢你啦，请收下这个吧！”

两只小鼹鼠送给小真两个地瓜。

小真收下两个地瓜，放进小篮子里，继续出发了。

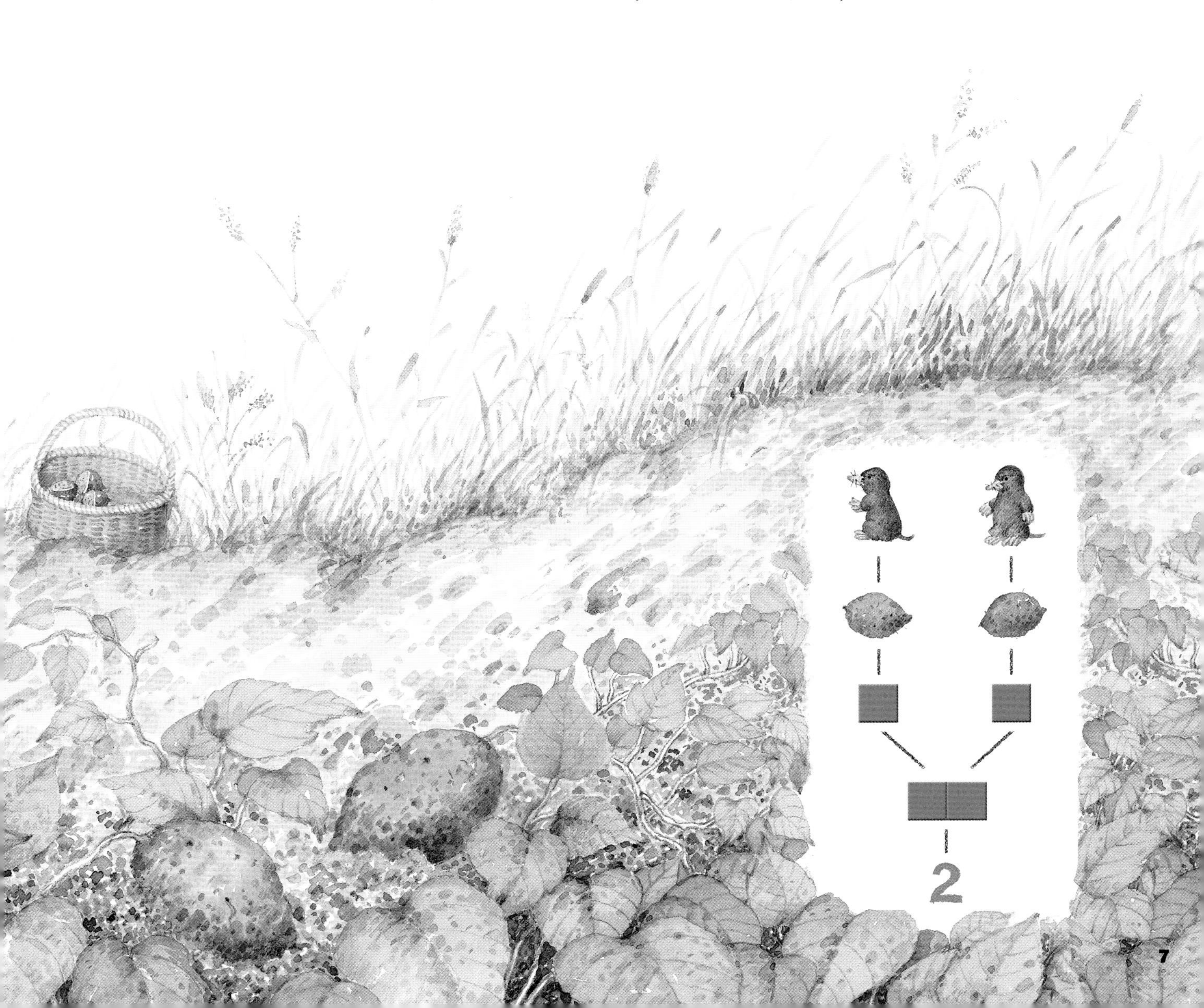

走过了泥洼路，一片树林出现在眼前。

小真有点儿害怕，但还是鼓足勇气往前走。

当她经过一棵大树时，突然听到了呼喊声。

“哎呀呀，我们被树藤缠住啦！”

四只啄木鸟大声叫着。

“等一下，我来帮你们解开。”

小真赶紧帮啄木鸟解开了缠在身上的树藤。

“真是太感谢你啦，请收下这个吧！”

四只啄木鸟送给小真四颗野枣。

小真把四颗野枣放进小篮子里，继续出发了。

又走了一会儿，出现了一片开满花的田地，

小真经过花田，又听到了呼喊的声音。

“哎呀呀，我的脚扎到刺了！”

一头大野猪一边走一边痛苦地叫。

“一定很疼吧？我来帮你拔掉吧！”

小真帮大野猪拔掉了扎在脚上的刺。

“真是太感谢你啦，请收下这个吧！”

大野猪送给小真一朵小花。

小真拿着花，高高兴兴地又出发了。

小真一只手拎着装有三个栗子、两个地瓜、四颗野枣的篮子，一只手拿着一朵花，蹦蹦跳跳、高高兴兴地向奶奶家走去。

1
2
3
4

“嗷呜！”

这时候树林里突然跳出一只大老虎。

“哎呀！”

小真吓坏了，赶紧往后退，差点儿跌倒。

拿一个方块依次放在图中花、小真、老虎上面，告诉孩子，花、小真和老虎的数量都是一。

“老……老虎来啦！”

小真吓得使出全身力气赶快跑。

噔噔噔！

小真不停地跑啊跑啊。

“嗷呜！”

大老虎紧跟在小真后面，张开大嘴，眼看就要咬住小真了。

就在这时，两只小鼹鼠出现了，

挡在老虎前使劲儿地挖土泼向老虎。

“哎呀！我的眼睛！”

大老虎被土眯了眼，疼得直跳脚。

“嗷呜！嗷呜！”

大老虎忍着疼痛，又开始追小真。

这时，三只小松鼠出现了，

不停地用毛栗子狠狠地砸向大老虎。

“啊！好疼！”

大老虎被小松鼠们扔下的毛栗子砸中，

全身疼痛无比。

拿两个方块依次放在图中老虎、小鼹鼠、小松鼠上面，让孩子找出哪种动物跟方块的数量一样。告诉孩子表示方块数量的数字叫作“二”，也可以写成“2”，读作“二”。

“嗷呜！嗷呜！嗷呜！”

大老虎气得毛都竖起来了，

使出全身力气向小真扑过去。

就在这时，四只啄木鸟出现了，

它们狠狠地啄向大老虎。

“哎呀，疼死啦！”

大老虎跟两只小鼹鼠、三只小松鼠、四只啄木鸟打成一团，浑身力气都使完了，脚步摇摇晃晃地开始往后退。

咚！不知何时，大野猪冲了出来，使劲儿撞向大老虎。

拿四个方块，在野猪、啄木鸟、栗子、地瓜、野枣中找出跟方块数量一样的，告诉孩子表示方块数量的数字叫作“四”，也可以写成“4”，读作“四”。

大老虎吓得头也不回地逃跑，
冲进前面的深河里使劲儿地向前游。
“伙伴们，真是太谢谢你们啦！
跟我一块儿去奶奶家吧！”小真说。

小真和小松鼠、小鼹鼠、啄木鸟、大野猪一起来到奶奶家。

“奶奶，奶奶，我来啦！”

奶奶看到小真跟这么多动物小伙伴在一起，

吓了一大跳。

小真把在树林里的经历都讲给了奶奶。

“哎呀，差点儿就出大事啦！

谢谢大家帮助我的小真。”

奶奶拿来好多好吃的，请大家一起吃。

吧唧吧唧！啧啧啧！嚓嚓嚓！

小真和动物小伙伴们一起分享奶奶给的好吃的，吃得香香的。

准备能表示1、2、3、4数量的方块，把它们从少到多依次排列，引导孩子说出“一、二、三、四”。让孩子理解每个排在后面的数字要比排在前面的数字多“一”。

鸭子和牛的数量相同还是不同？

小真拿着三顶帽子。

鸭子和牛，哪个跟帽子的数量相同呢？

给每只鸭子戴一顶帽子，

一只鸭子一顶，刚刚好。

鸭子和帽子的数量是相同的，一共有三只鸭子。

这次给每头牛戴一顶帽子，

一头牛戴一顶帽子，这次也刚刚好。

牛和帽子的数量是相同的，一共有三头牛。

鸭子和牛的大小虽然不相同，但数量是相同的。

一块一块搭楼梯

小松鼠、小鼹鼠、啄木鸟和大野猪，
各自拿着一个小方块。
三只小松鼠三个小方块，
两只小鼹鼠两个小方块，
四只啄木鸟四个小方块，
一头大野猪一个小方块，
小小方块，搭楼梯。

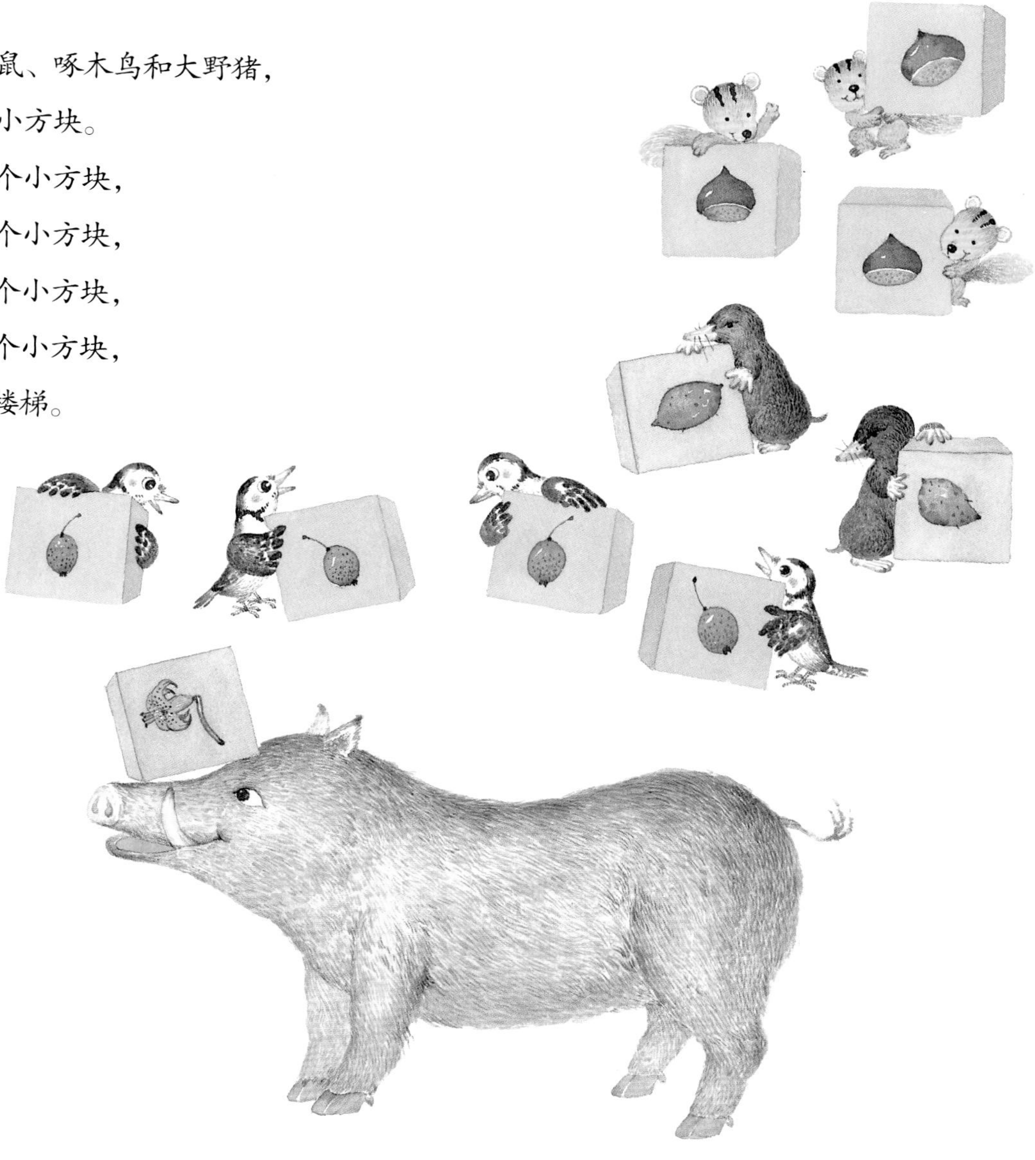

看，楼梯搭好啦！

一层更比一层高。

一、二、三、四，

1、2、3、4，

一、二、三、四。

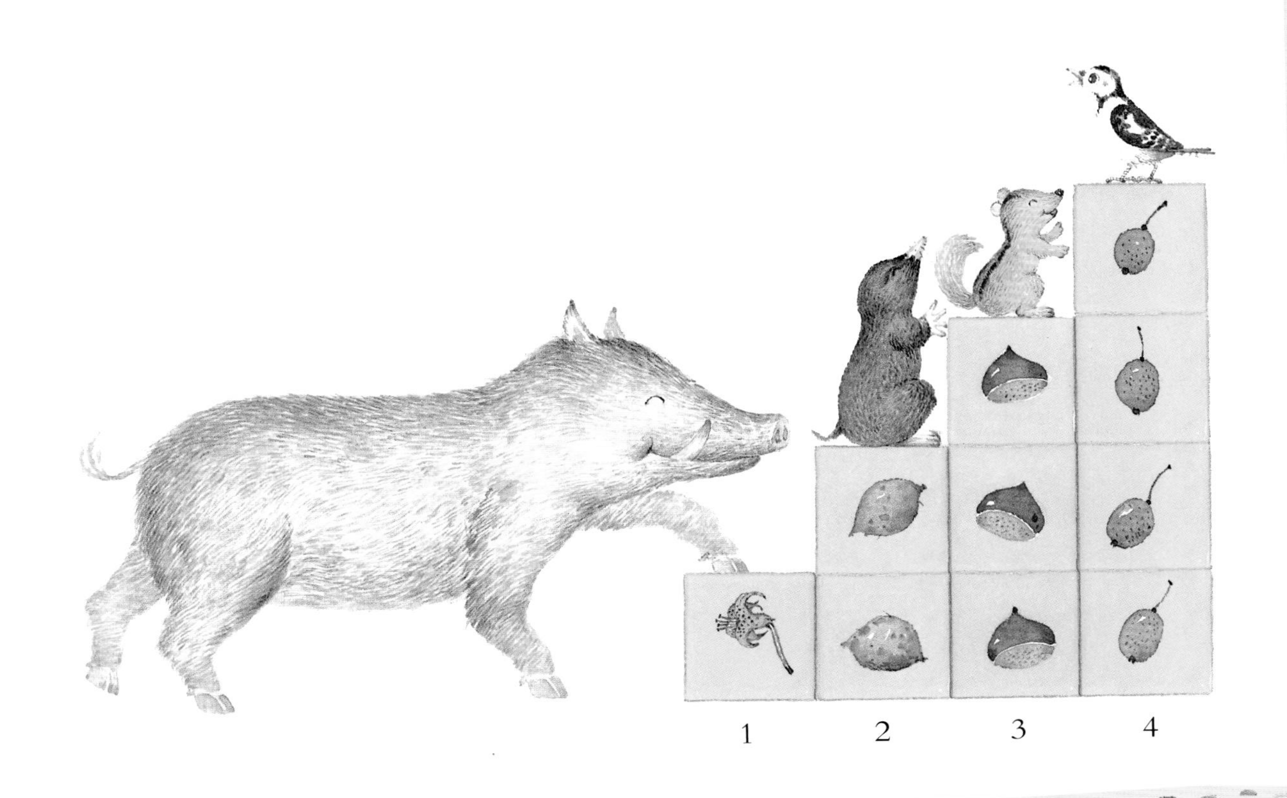

实物、方块、数字名称、数量之间的关系

三个方块代替所有数量为三的具体物体

数量是眼睛看不见的虚拟概念，很容易理解错。当孩子看到相同数量的兔子和熊时，可能会因为熊的体形比兔子大，就认为熊更多。

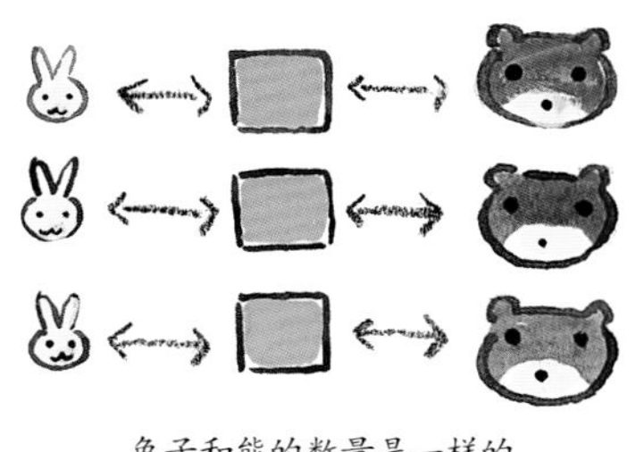
兔子和熊的数量是一样的

一般数数的时候，不论数什么，都按照“一、二、三……”这样的数字顺序来数。这时可以使用方块来代表数量，让孩子更容易理解数量的含义。三只兔子和三只熊是不同的动物，可以用大小和外形完全相同的三个方块，一个一个地对应动物摆放，表示出两种小动物的数量，这样孩子就很容易理解数字“三”所代表的数量的含义了。

无论是三个苹果、三块糖果、三个人等任何可以表示“三”的具体实物，都可以用三个方块来代替表示，这个数量就叫作“三”，可以用“3”这个阿拉伯数字来表示。即“三个苹果”“三个方块”，“三”和“3”代表相同的意思。

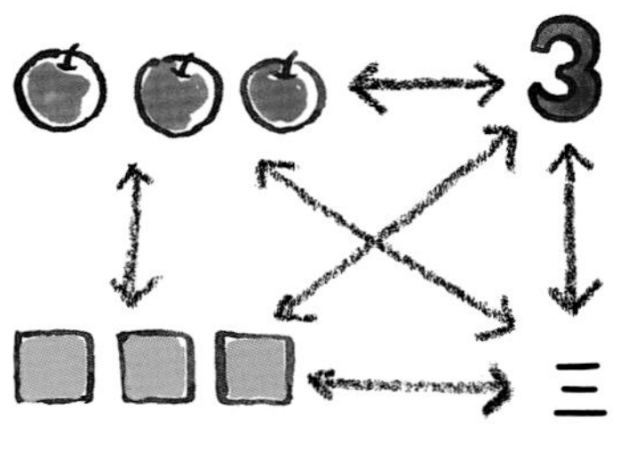

本书中，特意将数字一到数字四出现的顺序按照“3→2→4→1”来安排。首先，这是因为如果按照数字顺序安排故事的内容，在已经知道了“1、2、3、4”数字顺序的情况下，孩子可能会对故事失去兴趣；其次，本书的目的并不是单纯地让孩子背下数字，而是希望通过故事引导孩子正确地理解数量是个体的合集这个道理。

和孩子一起玩的数学游戏

■ 从报纸或者杂志上找数字，让孩子读出来。

1读作“一”，2读作“二”，3读作“三”，4读作“四”。

■ 教给孩子数字的正确书写顺序。

写数字的时候可以使用不同的语言（或拟声词）来引起孩子的兴趣，加强孩子的记忆。

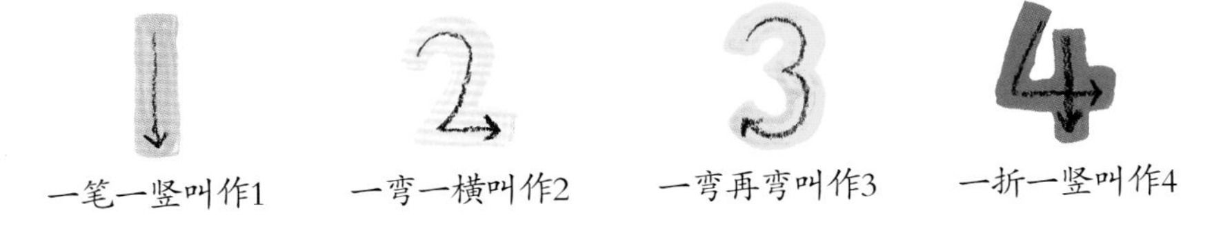

一笔一竖叫作1　一弯一横叫作2　一弯再弯叫作3　一折一竖叫作4

■ 看数字，拿出正确数量的具体实物。

在纸片上写上“2”，把纸片放在盘子里。准备若干数量的糖果、橘子和铅笔，每种拿出两个放在盘子里。然后再按照3、4、1的顺序重复这一过程。

数学邦 Maths Kingdom

唤醒每一个孩子沉睡的数学天赋！

（全12册）

| 数学邦 |

能干的三个朋友

[韩] 金长成 / 著　[韩] 李光翼 / 绘　许倩 / 译

中原出版传媒集团
中原传媒股份公司
大象出版社
· 郑州 ·

图书在版编目（CIP）数据

数学邦．能干的三个朋友 /（韩）金长成著；（韩）李光翼绘；许倩译．— 郑州：大象出版社，2019.6
ISBN 978-7-5711-0183-1

Ⅰ．①数… Ⅱ．①金… ②李… ③许… Ⅲ．①数学 — 儿童读物 Ⅳ．① O1-49

中国版本图书馆 CIP 数据核字（2019）第 089593 号

数学邦：能干的三个朋友

SHUXUE BANG: NENGGAN DE SAN GE PENGYOU

[韩] 金长成 著 [韩] 李光翼 绘 许倩 译

出版人 王刘纯
策　划 董中山
特邀策划 封路路
责任编辑 张　涛
特约编辑 连俊超
责任校对 牛志远
封面设计 徐胜男

出版发行 大象出版社（郑州市郑东新区祥盛街 27 号 邮政编码 450016）
发行科 0371-63863551 总编室 0371-65597936
网　址 www.daxiang.cn
印　刷 湖南天闻新华印务有限公司
经　销 各地新华书店经销
开　本 787mm × 1092mm 1/24
印　张 1.5
字　数 50 千字
版　次 2019 年 6 月第 1 版 2019 年 6 月第 1 次印刷
定　价 228.00 元（全 12 册）
若发现印、装质量问题，影响阅读，请与承印厂联系调换。
印厂地址 湖南省长沙市望城区银星路 8 号湖南出版科技园
邮政编码 410219 电话 0731-88387871

很久很久以前，在一个村庄里，生活着很多木头、橡胶和铁。
在他们中间，有三个能干的朋友——小木头、小橡胶和小铁。
他们每天都到村庄的后山上锻炼。

让孩子找出小木头、小橡胶和小铁。

但是有一天，当他们不在家的时候，
石火大魔王闯进了村庄，
把村庄里的小伙伴们都抓走了。
三个朋友锻炼完回来一看，非常气愤。

“石火大魔王真是个坏家伙！”

“我们去救小伙伴们吧！”

三个朋友立刻出发了。

三个朋友已看到远处石火大魔王的城堡了，

但前面突然出现了一片磁铁地。

“啊！怎么办？我不能过去。我会被磁铁吸住的。”

小铁哭丧着脸说道。

“不要担心，我们来帮你！”

说着，小木头和小橡胶高高地举起小铁，

迈着大步走过了磁铁地。

只有用铁做成的东西才会被吸附在磁铁上。请让孩子利用磁铁找找生活中用铁做成的东西。

三个朋友继续往前走。

突然，小橡胶和小木头同时叫了起来：

“哎呀！我被铁刺扎到了。”

小铁走到前面，说：
“不要担心，跟着我走！”
说罢他把身体卷成了一个圆柱，
骨碌碌压出了一条路。

请告诉孩子，用木头或橡胶做成的东西（如气球等球类）会被尖尖的硬物扎到，而且用橡胶做成的东西还会被扎破，但铁非常坚硬，不会被扎坏。

三个朋友逃出铁刺地后，

石火大魔王的部下尿魔王出现了。

“哈哈哈！一群胆大包天的小孩儿，有本事走过来试试！”

尿魔王哗哗哗地撒了一泡尿，一条大江瞬间出现在三个朋友面前。

请展示给孩子看：木筷子或者救生圈可以浮在水面上，钉子则会沉到水里。然后，让孩子试着说说小橡胶、小木头和小铁谁可以独自渡过大江。

小木头立刻把自己的身体变成了一艘船。
“小铁，快坐到我身上来。”
小橡胶也把身体卷成了救生圈的样子。
三个朋友一同平安地渡过了大江。

三个朋友刚渡过江，
围墙魔王就出现了。
“呵呵呵！有本事你们走出去看看！”
高高的围墙魔王围住了三个朋友。

请问问孩子：“怎样才能走出去呢？”让他思考一下谁可以拯救同伴。

这时，小橡胶喊道：

“小伙伴们，快抓住我的手！”

小铁和小木头赶忙抓住小橡胶的手。

小橡胶用力跺了一下脚，

嗵的一声，三个朋友一齐跳出了围墙。

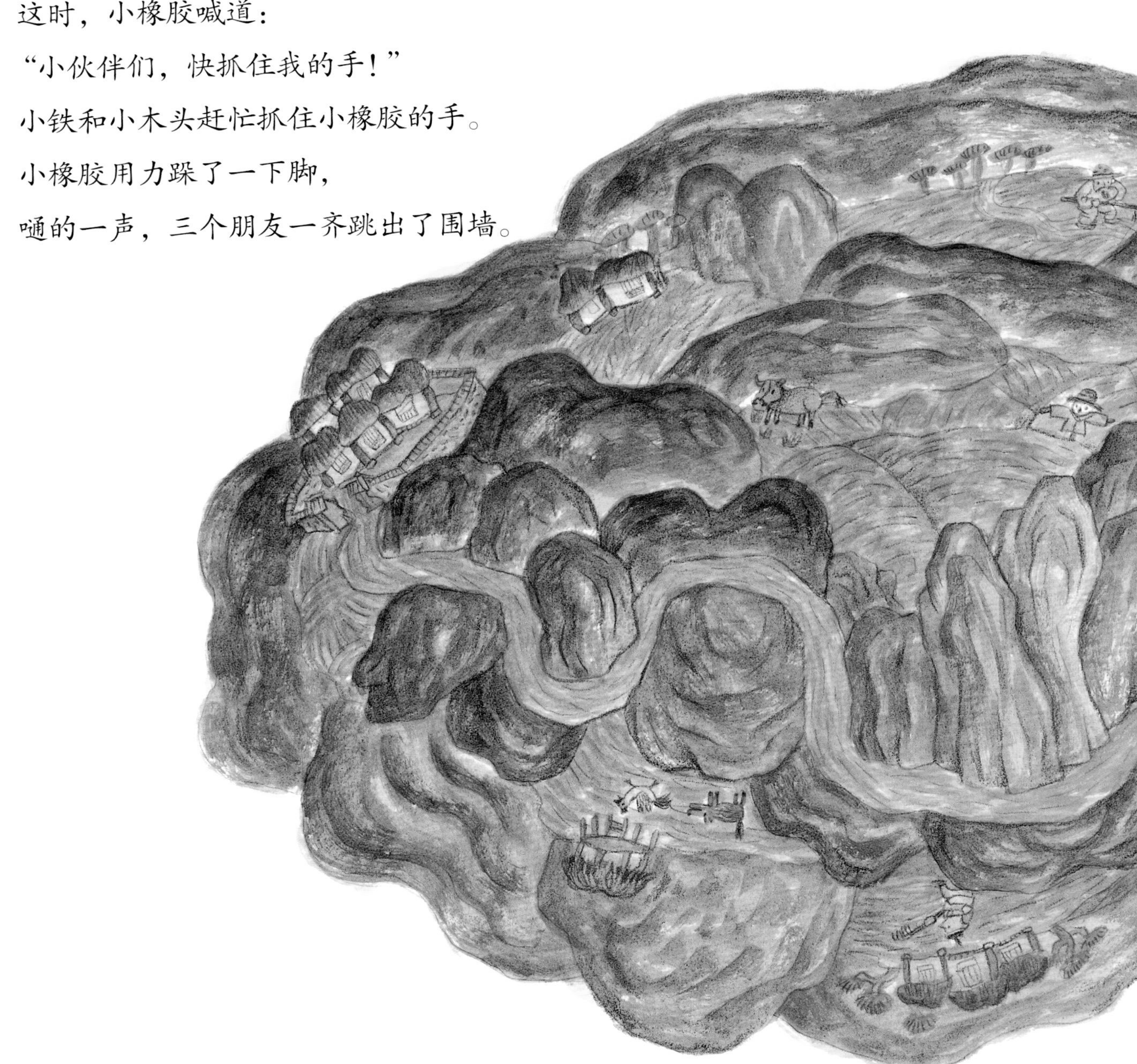

把橡胶球用力往地上扔的话，它会弹得很高。请在脑海中想象一下这个画面，并做给孩子看。

三个朋友刚一落地，箭魔王就出现了。

“哈哈！让你们尝尝箭的味道！”

嗖！嗖！嗖！

无数支箭朝他们飞了过来。

请告诉孩子，尖尖的箭头和第8页出现的铁刺是非常类似的。让孩子试着说说，三个朋友中谁中了箭会受伤，谁中了箭不会受伤。

“尽管放箭过来吧！我都会挡住的！”

小铁立即把身体变成了盾牌。

箭撞在盾牌上，都啪啪地落了下来。

三个朋友终于到达了石火大魔王的城堡。

“呵呵呵！你们竟敢到这里来！

我要把你们全都熔掉，全都烧掉！”

石火大魔王喷着红红的火焰，向三个朋友走来。

这时，小木头大声喊道：

“我们来做个弹弓吧！”

请告诉孩子，木头遇到火会被烧掉，橡胶遇到火会熔化，铁可以忍耐火的炙烤。

小木头伸开双臂，变成了“手柄”。

小橡胶拉长双臂，变成了“皮筋”。

小铁蜷缩起身体，变成了“子弹”。

嗖！“走啦！”

小铁快速朝前飞去，打中了石火大魔王。

砰！哗啦啦！

石火大魔王崩塌了。

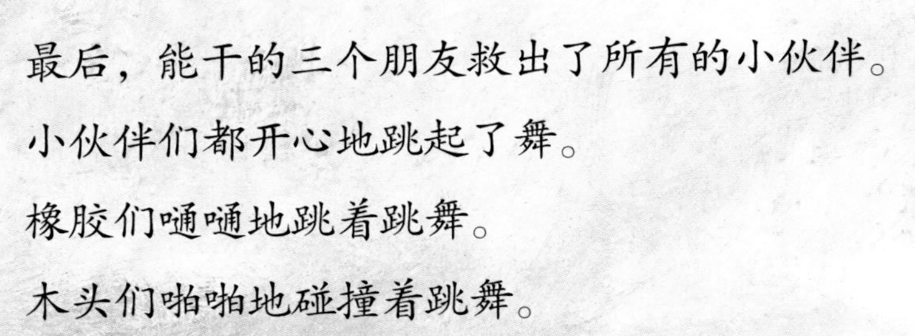

最后，能干的三个朋友救出了所有的小伙伴。

小伙伴们都开心地跳起了舞。

橡胶们嗵嗵地跳着跳舞。

木头们啪啪地碰撞着跳舞。

铁们哐哐地拍打着跳舞。

神奇的小皮球

小皮球在路上嗵嗵嗵地走着，遇到了正在哭泣的小浣熊。

“小浣熊，你为什么哭呀？”

“我的自行车轮胎破了。”

“不要哭，我来帮你。”

小皮球立刻变成了自行车轮胎。

小浣熊开心地骑着自行车走了。

小乌龟坐在书桌前呜呜呜地哭。

小皮球看到后问道：

“小乌龟，你为什么哭呀？”

“我在给朋友写信呢，但是我写错字了。”

“不要哭，我来帮你。”

小皮球立刻变成了橡皮擦。

小乌龟用橡皮擦擦掉了错字。

小皮球继续嗵嗵嗵地往前走，在小溪边遇到了正在哭泣的小猪。

“小猪，你为什么哭呀?”

“我的一只雨靴被水冲走了。”

“不要哭，我来帮你。”

小皮球立刻变成了雨靴。

小猪穿着雨靴蹚过了小溪。

皮球、自行车轮胎、橡皮擦、雨靴是好朋友。

它们的外表和用途都各不相同，怎么会成为好朋友呢？

因为它们都是用橡胶做成的。

还有哪些东西是用橡胶做成的呢？

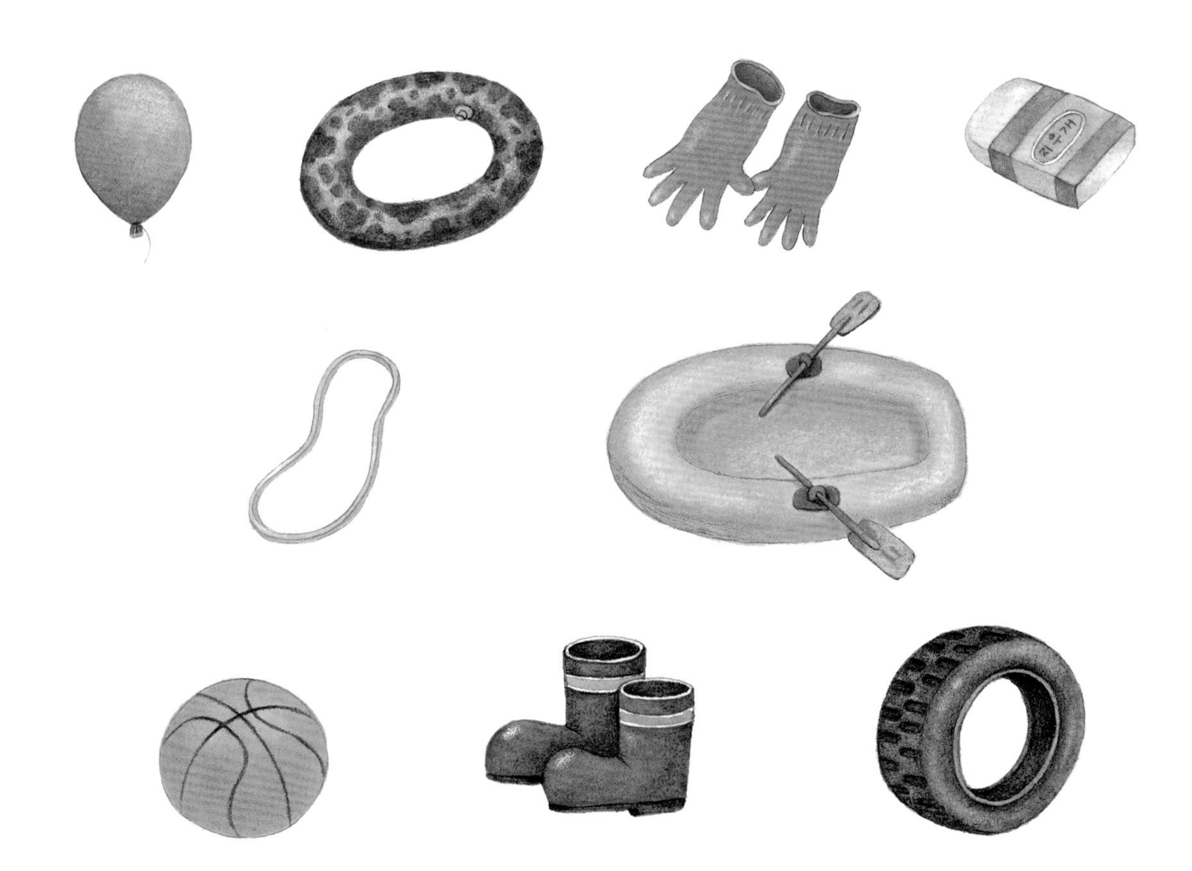

寻找与外表无关的共同点

用相同材料做成的东西都是朋友

即使两个事物的外表完全不同，三岁左右的孩子也能够找出它们的共同点，认为它们是相似的，可以成为朋友。例如，虽然小松鼠和小猴子的外表完全不同，但是它们都是动物，所以孩子会认为它们是朋友。

但也要让孩子知道，有些事物虽然外表相似，但是性质却可能完全不同。两只外表相似的小船放在水里，一只可能会漂浮在水面上，一只可能会沉到水底。两个外表相似的机器人，一个可能会被火烧毁，一个却可能不怕火烧。两个外表相似的球，一个扔到地上可能会弹跳起来，一个扔到地上可能只会往前滚。为什么会这样呢？因为它们是用不同的材料做成的。

这本书以制作材料为分类标准，以此来判断“相同”和“不同”。从外表来判断材料是否相同不是一件容易的事情。请帮助孩子尝试打开或者敲打周围常见的物品，并且告诉孩子它们是“相同的”还是“不同的”，让其熟悉物品的性质。这样可以锻炼孩子的分类能力。

和孩子一起玩的数学游戏

▦准备一些报纸、杂志、彩色纸、衣服、毛巾等物品，一边让孩子折叠或者撕拉，一边让他说说这些物品的材料是否相同。“这是纸，这是布……”不需要这样告诉孩子材料的名字，可以告诉他：“这个可以折起来，那个不能折起来。这个可以撕破，那个撕不破。”

▦准备各种材质（如玻璃、不锈钢、塑料等）的容器，和孩子一起用筷子敲打，并和孩子一起探究：纸盒子会发出这种声音，不锈钢盘子会发出什么声音呢？玻璃盘子可能会被打破，我们要小心地敲哦。

数学邦 Maths Kingdom

唤醒每一个孩子沉睡的数学天赋！

（全12册）

| 数学邦 |

怎样才能飞上天

［韩］申惠恩 / 著　［韩］朴世莲 / 绘　霍大伟 / 译

中原出版传媒集团
中原传媒股份公司
大象出版社
· 郑州 ·

图书在版编目（CIP）数据

数学邦．怎样才能飞上天 /（韩）申惠恩著；（韩）朴世莲绘；霍大伟译．— 郑州：大象出版社，2019.6
ISBN 978-7-5711-0183-1

Ⅰ．①数… Ⅱ．①申… ②朴… ③霍… Ⅲ．①数学 — 儿童读物 Ⅳ．① O1-49

中国版本图书馆 CIP 数据核字（2019）第 089603 号

数学邦：怎样才能飞上天

SHUXUE BANG: ZENYANG CAINENG FEI SHANG TIAN

［韩］申惠恩 著　［韩］朴世莲 绘　霍大伟 译

出版人　王刘纯
策　划　董中山
特邀策划　封路路
责任编辑　赵晓静
特约编辑　张　萍
责任校对　张迎娟
封面设计　徐胜男

出版发行　大象出版社（郑州市郑东新区祥盛街 27 号　邮政编码 450016）
发行科　0371-63863551　总编室　0371-65597936
网　址　www.daxiang.cn
印　刷　湖南天闻新华印务有限公司
经　销　各地新华书店经销
开　本　787mm × 1092mm　1/24
印　张　1.5
字　数　50 千字
版　次　2019 年 6 月第 1 版　2019 年 6 月第 1 次印刷
定　价　228.00 元（全 12 册）
若发现印、装质量问题，影响阅读，请与承印厂联系调换。
印厂地址　湖南省长沙市望城区银星路 8 号湖南出版科技园
邮政编码　410219　　电话　0731-88387871

有个叫砰砰的小女孩，

特别特别想飞上天。

她知道有位大鼻子叔叔可以在天上飞来飞去，

于是决定去找这位叔叔。

小伙伴们听说砰砰要去找大鼻子叔叔，也都跑来了。

可以一边看着树的形状，一边有节奏地按顺序对孩子说："圆圆的树、尖尖的树、圆圆的树、尖尖的树……"然后让孩子试着一起说。

大鼻子叔叔住在遥远的世界尽头。

砰砰和小伙伴们翻山越岭去找他：

圆圆的山、尖尖的山、圆圆的山、尖尖的山……

一天、两天、三天……一个月、两个月、三个月……

可以一边用手指画山的轮廓，一边按顺序说出：“圆圆的山、尖尖的山、圆圆的山、尖尖的山……”然后让孩子试着一起说。

“终于到世界尽头啦！”

大家都欢呼起来。

这时，嘟的一声哨响，大鼻子叔叔出现在了天空中。

他穿着带条纹的衣服，黄绿相间，非常有范儿。

“哇，太帅了！”

砰砰和小伙伴们惊呼着，抬头望向大鼻子叔叔。

但是，大鼻子叔叔一眨眼的工夫就飞走了。

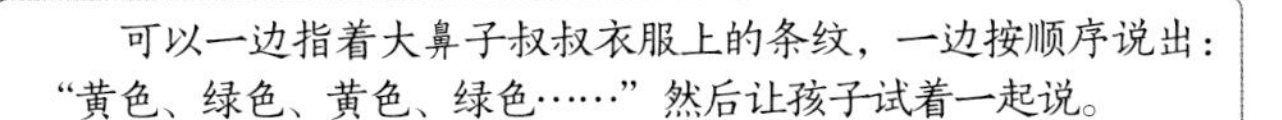

可以一边指着大鼻子叔叔衣服上的条纹，一边按顺序说出：“黄色、绿色、黄色、绿色……”然后让孩子试着一起说。

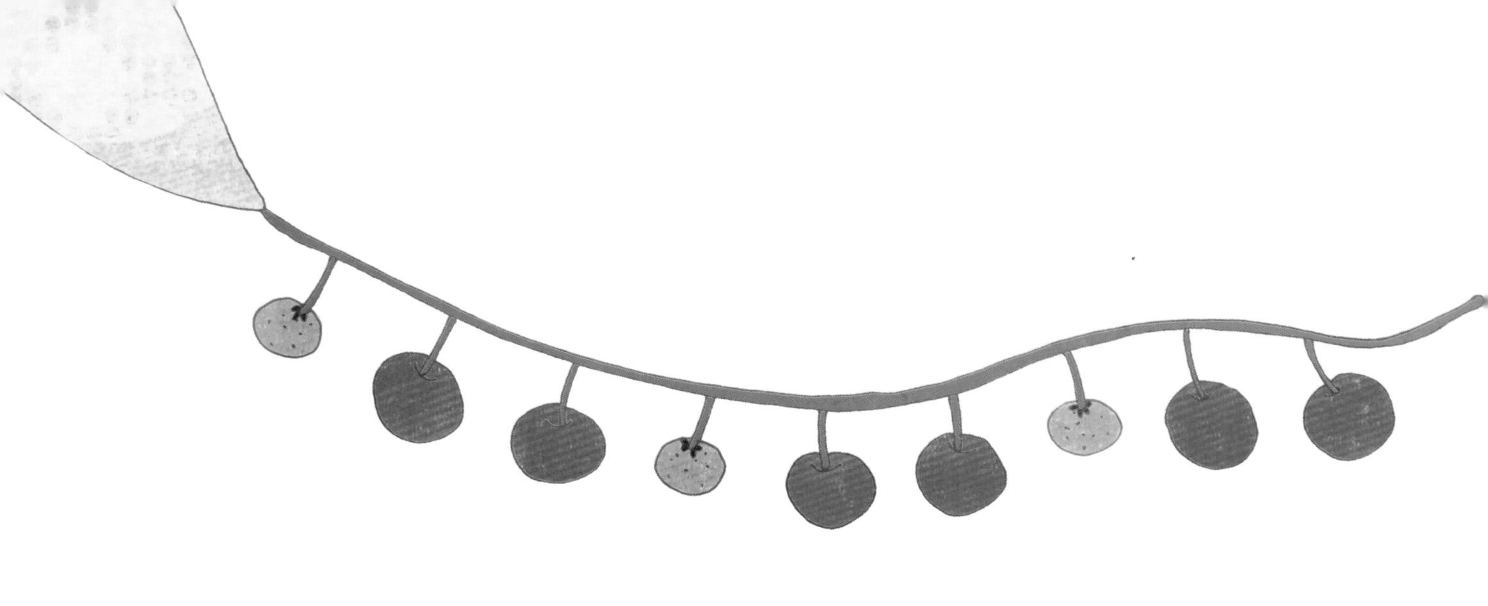

可以按顺序说出帽子上的水果:“橘子、苹果、苹果、橘子、苹果、苹果……”然后让孩子试着一起说，还可以试着让孩子在不看图的情况下说。

砰砰和小伙伴们等着大鼻子叔叔再次出现。

第二天，嘟的一声哨响，

大鼻子叔叔又出现在了天空中。

这次，他还戴着那顶水果帽，

橘子、苹果、苹果、橘子、苹果、苹果……

“大鼻子叔叔，大鼻子叔叔，请告诉我们怎么才能飞上天！”

砰砰和小伙伴们望着大鼻子叔叔，大声问。

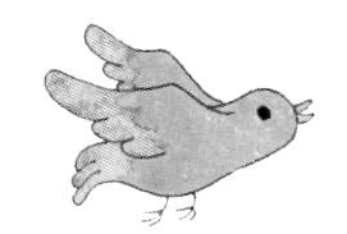

这时，不知道从哪里飞来一只小鸟，噗地把一个苹果啄掉了。

不知道是不是因为少了这个苹果，大鼻子叔叔咕咚一声掉在了地上。

“哎哟，我的屁股！”

“叔叔，您还好吧？”

砰砰和小伙伴们跑到大鼻子叔叔跟前问道。

“小鸟把橘子、苹果、苹果、橘子、苹果、苹果的顺序打乱了！”

大鼻子叔叔站起身说道。

可以问一问孩子：“大鼻子叔叔为什么会掉下来？”然后告诉孩子，小鸟啄掉了一个苹果，帽子上水果的顺序就被打乱了。

“哦，你们是谁啊？”

“我们想飞上天，于是就来找您了。您能不能把飞上天的方法教给我们？”

“可以呀。想飞上天，你们必须排好顺序。怎么样？会排顺序吗？”

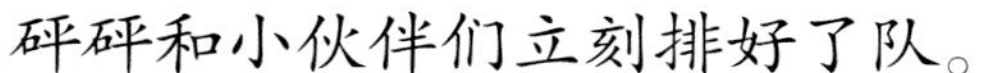

砰砰和小伙伴们立刻排好了队。

“叔叔，排顺序是这样肩并肩站成一排吗？”

大鼻子叔叔耸耸肩说：

“不是。我是说要像那边的树一样排顺序，

一棵圆圆的树、一棵尖尖的树、一棵圆圆的树、一棵尖尖的树……

这样反复出现。”

可以让孩子说一说树的样子:“圆圆的、尖尖的、圆圆的、尖尖的……”还可以问一问孩子，是因为哪个水果，大鼻子叔叔帽子上的顺序被打乱了。

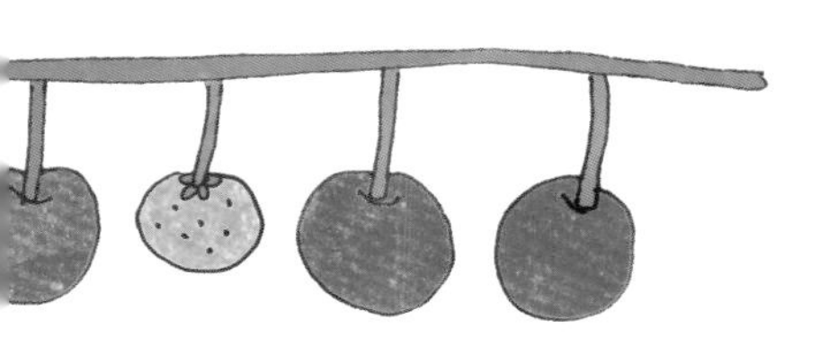

这下子，小兔子得意起来，站在了第一个。

“这还不简单！按照衣服的颜色排顺序不就行了？来，站好。红色、黄色、红色、黄色、绿色、黄色。哦，不行！”

请告诉孩子，按衣服的颜色排顺序，可以是“红色、黄色、红色、黄色、红色、黄色”，但有了绿色，就不行了。

“那咱们按照背包的形状排顺序吧！

这次一定没问题。”小老鼠自信地说。

“来，站好。正方形、三角形、正方形、三角形、正方形、圆形。

按照背包的形状也不行呀！”

砰砰和小伙伴们急得快要哭了。

“怎么办呢？有没有什么好办法呢？”

可以问一问孩子：“背包的形状依次是正方形、三角形、正方形、三角形、正方形，那么要按顺序排列，接下来应该是什么形状呢？”孩子如果回答“三角形”，请别忘了夸一夸他。

这时，砰砰想出了一个好主意。

“咱们可以按我们所戴帽子的形状排顺序！

棒球帽、棒球帽、尖顶帽、棒球帽、棒球帽、尖顶帽！”

“哇，排好顺序了！”

砰砰和小伙伴们高兴地叫起来。

他们终于和大鼻子叔叔一起飞上天了。

帽子的名称如果不好说，可以说“圆形帽、圆形帽、三角帽、圆形帽、圆形帽、三角帽”。试着让孩子说出页面右下角石头上物体的形状。

大家高高地飞在天上，都很兴奋。

突然，呼地刮过一阵风。

砰砰和小兔子的帽子被刮跑了。

天哪！大鼻子叔叔开始往下掉。

“啊，救命！”

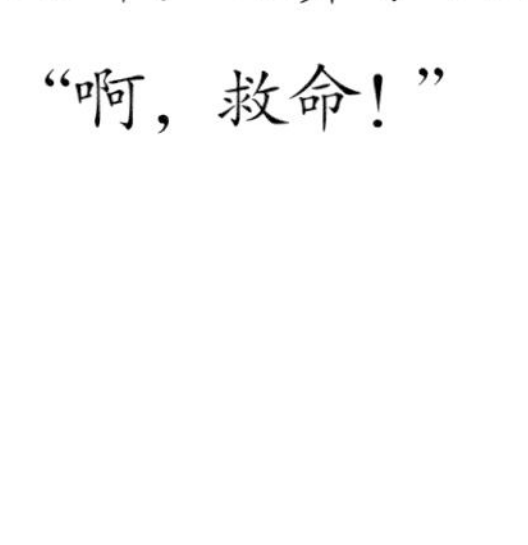

可以再给孩子讲一遍下面这个经过：帽子的顺序被打乱了，于是大鼻子叔叔开始往下掉；也可以按顺序说出树上果子的形状，“花、心、星、花、心、星”。

还可以一边看着砰砰和小伙伴们两两相向而坐的样子，一边根据他们面朝的方向，按顺序说出“右边、左边、右边、左边、右边、左边”。

突然，正在往下掉的大鼻子叔叔停止掉落。

“怎么回事？”

砰砰和小伙伴们吃惊地相互看着。

“我们用身体排好顺序了！

把胳膊举起、放下、举起、放下、举起、放下，这不就行了吗？”

“太棒啦！”大家一起欢呼。

砰砰和小伙伴们跟着大鼻子叔叔尽情地在天上飞来飞去。他们按顺序伸出胳膊，伸向两边、伸向上边、伸向下边、伸向两边、伸向上边、伸向下边。

可以让孩子按顺序说出砰砰和小伙伴们伸胳膊的动作，“两边、上边、下边、两边、上边、下边”，并让孩子跟着重复这些动作。

翻转身体、跷起两只脚、跷起一只脚、
翻转身体、跷起两只脚、跷起一只脚，
这样就能排成很多种顺序了。

排顺序

砰砰送给大鼻子叔叔一顶帽子。

帽子上按顺序排列着星星、月亮、星星、月亮……

小伙伴们送给大鼻子叔叔一串项链。

项链上按顺序排列着被打磨成圆形、方形、圆形、方形……的小石头。

砰砰、小老鼠和小猪把水果排好了顺序：

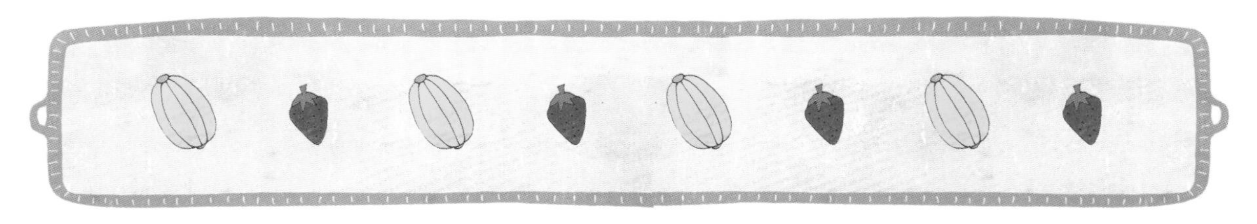

香瓜、草莓、香瓜、草莓、香瓜、草莓、香瓜、草莓

香瓜、草莓、草莓、香瓜、草莓、草莓、香瓜、草莓、草莓

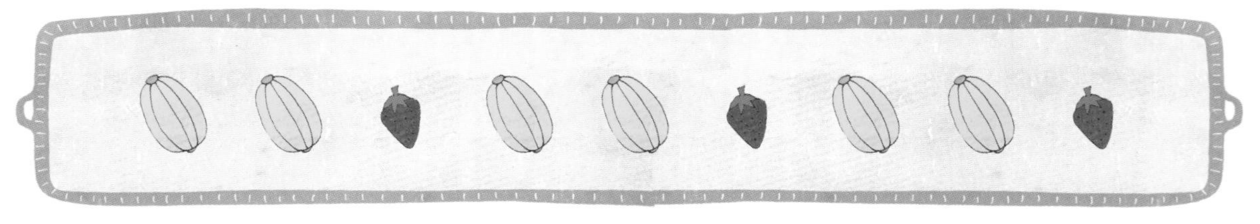

香瓜、香瓜、草莓、香瓜、香瓜、草莓、香瓜、香瓜、草莓

小狗、小兔和小猫把积木排好了顺序：

红色、蓝色、红色、蓝色、红色、蓝色

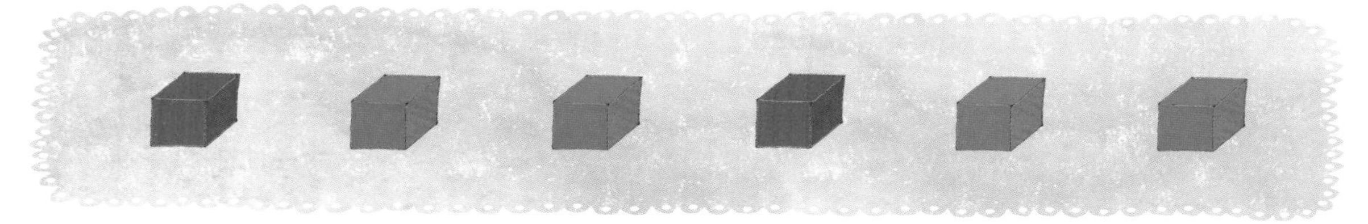

红色、蓝色、蓝色、红色、蓝色、蓝色

红色、红色、蓝色、红色、红色、蓝色

找规律

学习找规律

这本书以周期性变化为基础，让孩子感受什么是规律。

数学与规律密切相关，想在做简单加减法时又快又好，最有效的办法就是掌握规律。

孩子在日常生活中体验过多种自己也没有意识到的规律。“早晨、中午、晚上、早晨、中午、晚上……”这种每天的时间变化也好，“右脚、左脚、右脚、左脚……”这样的轮番迈步也好，都是有规律的。同样，某件事情出现循环往复，也叫周期性变化。

在这一阶段，可以让孩子以周期性变化为基础，了解并掌握规律。周期性变化因形状、颜色、动作、方向等的不同而不同。因此，想在其中找出规律，最重要的是集中注意力，不断动脑思考。另外，如果想创造出新的规律，就不能拘泥于一定的规则，而是需要自由发散构思，也就是充分发挥创造力。

在找出简单规律并把它表述出来的时候，可以注意一下语言的韵律与强弱。比如，“大、小、大、小……”读作“大的、小的、大的、小的……”就更好。轮番说出“大的”“小的”更容易有节奏地感受到规律性。如果孩子做得不错，哪怕只有一点点进步，也要多夸奖他。通过不断犯错和改正，孩子也就自然而然掌握规律了。

❀和孩子一起玩的数学游戏

■ 观察房间里的壁纸、被子、包装等，说一说哪些形状重复出现了。

■ 把筷子像下图一样放置，让孩子跟着说、跟着做。

■ 可以让孩子玩一玩这个游戏：按下面的顺序说出动物的名字。

1. 兔子、狮子、兔子、狮子、兔子、狮子……
2. 兔子、兔子、狮子、兔子、兔子、狮子、兔子、兔子、狮子……
3. 兔子、狮子、熊、兔子、狮子、熊、兔子、狮子、熊……
4. 兔子、兔子、狮子、狮子、兔子、兔子、狮子、狮子……

数学邦 Maths Kingdom

唤醒每一个孩子沉睡的数学天赋！

（全12册）

| 数学邦 |

我要当姐姐

[韩] 李芝贤 / 著　[韩] 白恩姬 / 绘　周水洁 / 译

中原出版传媒集团
中原传媒股份公司
大象出版社
· 郑州 ·

图书在版编目（CIP）数据

数学邦．我要当姐姐 /（韩）李芝贤著；（韩）白恩姬绘；周水洁译．— 郑州：大象出版社，2019.6
ISBN 978-7-5711-0183-1

Ⅰ．①数… Ⅱ．①李… ②白… ③周… Ⅲ．①数学 — 儿童读物 Ⅳ．① O1-49

中国版本图书馆 CIP 数据核字（2019）第 089592 号

数学邦：我要当姐姐

SHUXUE BANG: WO YAO DANG JIEJIE

［韩］李芝贤 著　［韩］白恩姬 绘　周水洁 译

出版人　王刘纯
策　划　董中山
特邀策划　封路路
责任编辑　张　欣
特约编辑　张　萍
责任校对　安德华
封面设计　徐胜男

出版发行　大象出版社（郑州市郑东新区祥盛街 27 号　邮政编码 450016）
　　　　　发行科　0371-63863551　总编室　0371-65597936
网　址　www.daxiang.cn
印　刷　湖南天闻新华印务有限公司
经　销　各地新华书店经销
开　本　787mm × 1092mm　1/24
印　张　1.5
字　数　50 千字
版　次　2019 年 6 月第 1 版　2019 年 6 月第 1 次印刷
定　价　228.00 元（全 12 册）
若发现印、装质量问题，影响阅读，请与承印厂联系调换。
印厂地址　湖南省长沙市望城区银星路 8 号湖南出版科技园
邮政编码　410219　　电话　0731-88387871

一个树墩旁的小洞里，住着黄豆鼠和红豆鼠。

今天早上，黄豆鼠和红豆鼠特别忙。

因为它们要和小松鼠一起去河边玩儿。

“绿豆、绿豆，绿豆饭团，我要做香喷喷的绿豆饭团。”

“红豆、红豆，红豆饭团，我要做香甜甜的红豆饭团。”

黄豆鼠和红豆鼠做好了出去玩的饭团。

黄豆鼠坐在左边，红豆鼠坐在右边。让孩子试着指出黄豆鼠和红豆鼠吧。

正在做饭团的黄豆鼠和红豆鼠玩起了“当姐姐”的游戏。

红豆鼠先做出了红豆饭团：

“我的饭团大，所以我当姐姐。”

黄豆鼠也做出了绿豆饭团：

“不是的，我的饭团大，所以我当姐姐。”

“好吧，我们比比看谁的饭团大，怎么样？”

黄豆鼠说。

一比较，它们发现绿豆饭团大，红豆饭团小。

“怎么回事？怎么回事？”

红豆鼠有点不高兴。

大小差不多，无法知道哪个更大时，可以“比比看”。要告诉孩子，长度、高度、宽度等方面都“大”才叫大。

“红豆鼠，我们把好吃的饭团盛在哪里呢？”

黄豆鼠安慰红豆鼠后说道。

红豆鼠快速跑去拿饭盒。

“大饭盒里盛大饭团，小饭盒里盛小饭团吧！”

黄豆鼠也迅速跑过去拿来了挎包。

大挎包里还有个小挎包。

“放在大挎包里，还是小挎包里呢？”

黄豆鼠和红豆鼠将饭盒放到大挎包里，就去找小松鼠了。

指着大饭盒和小饭盒，让孩子试着说“大、小”。指着大挎包里装着小挎包的地方，告诉孩子“大物品里有小物品”。

它们走过一条小路，爬上一座小山坡，看到了许多漂亮的果实。

“火红火红的果实啊，我要用红果实做条项链。”

“透黑透黑的果实啊，我要用黑果实做条项链。”

黄豆鼠和红豆鼠为做项链摘了些果实。

让孩子看看红豆鼠指着的树叶，指着大树叶和小树叶重叠的地方，试着问孩子哪个大，哪个小。

红豆鼠一边做黑果实项链一边说：
“黄豆鼠，我做的长，你要叫我姐姐。”
黄豆鼠一边做红果实项链一边说：
“不是的，我做的长，你要叫我姐姐。”

“那我们比比谁做的项链长吧！”

黄豆鼠把红果实项链放到地上说道。

红豆鼠也把黑果实项链放到地上，一比较，

它很高兴地发现黑果实项链长。

“哇！我的项链长，所以我是姐姐。”

问问孩子，黄豆鼠和红豆鼠比项链长短的方式是否正确。

“不对，这样比不对！”

突然从树上传来小松鼠的声音。

小松鼠打着哈欠跳了下来。

“我抓着一端对齐，你们俩把项链拉直，再比一次。”

可是，这样一比，黄豆鼠的项链长，红豆鼠的项链却短了。

“怎么回事？怎么回事？”

红豆鼠又不高兴了。

黄豆鼠和小松鼠安慰着红豆鼠，往小河边走去。

告诉孩子，比长短时，要抓着一端对齐并拉直，不能让物体弯曲。

它们来到小河边，看到了各种各样的石头。
“我们挑又扁又平的石头垒石塔吧。”
“要垒得高高的，得小心仔细地垒哦！”
黄豆鼠和红豆鼠开始垒石塔。
谁垒得高呢？

“黄豆鼠，我的石塔高吧？”
红豆鼠得意地说。

“不是的，我的石塔高！”
黄豆鼠一边垒着石头一边说。

红豆鼠想当姐姐，

所以又往上垒了几块石头。

但是石塔摇摇晃晃，

轰的一下就塌了。

高度测量的是物体最下面到最上面的垂直长度。要告诉孩子，比高度时，底部要比齐。

红豆鼠呜呜地大哭起来。

“怎么回事？怎么回事？我也要当姐姐！”

“红豆鼠，我们一起吃美味的饭团吧？”

虽然黄豆鼠和小松鼠在安慰红豆鼠，可是红豆鼠还是哭个不停。

这时，天空下起了雪。

“哇，下雪了！”

大雪纷飞。

红豆鼠不哭了，蹦蹦跳跳地跑了起来。

“我们滚雪球，滚圆圆的雪球吧！”
“滚得大大的，堆个雪人。”
大家都滚起了雪球。
“我们在大雪球上放小雪球吧。”
嘿呀，嘿呀，雪人堆好了。

“我们用树皮当雪橇吧！”

黄豆鼠和小松鼠捡来了树皮。

“红豆鼠，我们比一比个子，怎么样？

谁个子高，谁就当姐姐，就可以坐在雪橇的前头。”

黄豆鼠说。

“嗯嗯，好啊。”

黄豆鼠和红豆鼠背对背站着。

可是，一比，它们发现黄豆鼠个子高，红豆鼠个子矮。

红豆鼠又不高兴了。

“黄豆鼠，不要淘气了。不能踮着脚哦！”

小松鼠笑着说。

“嘻嘻，对不起。我是闹着玩的。”

黄豆鼠和红豆鼠重新背对背站好了。

哇！红豆鼠个子高，黄豆鼠个子矮。

“哎呀，太好了！我是姐姐了，我当姐姐了！”

红豆鼠高兴地大笑起来。

身高测量的是身体从头到脚的垂直长度。告诉孩子，比身高时，要身体站直，双脚踩在平坦的地方。

“黄豆鼠，快叫我姐姐！”

“好，好，红豆鼠姐姐！”

树皮雪橇嗖嗖地在雪地里穿梭。

“呀呼！”

“呀呼！”

谁更长？

大蛇和小鳄鱼都说自己更长。

黄豆鼠和红豆鼠决定让它们比一比。

要并排排好才能比。

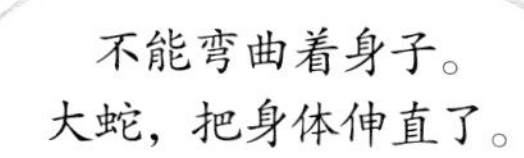

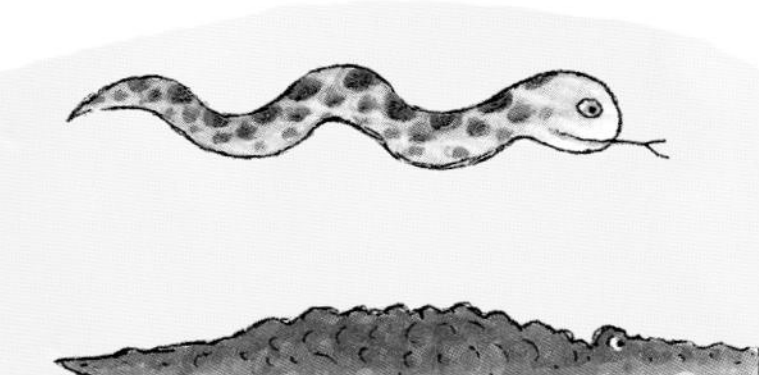

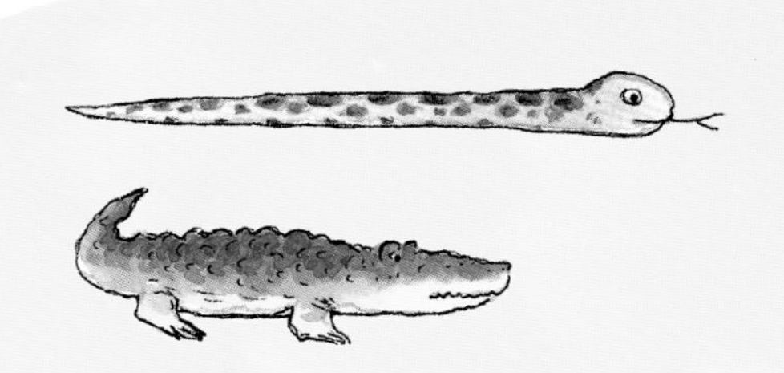

现在能正确比出来了。

大蛇长，小鳄鱼短。

想比出它们的长短，

就要把一端对齐，

并把身体伸直才行。

谁个子高？

小猴子和小狐狸都说自己个子高。

黄豆鼠和红豆鼠让它们站在一起比高低。

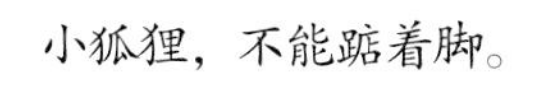

现在能比出来了。

小狐狸个子高，小猴子个子矮。

想要知道谁高谁矮，

要双脚站在平坦的地面上，

还要站直，才能比出来。

比一比

直接比较物品

现在，孩子对明显有区别的物品能一眼看出大小、长短、多少、高低了。那么，不能一下子看出大小、长短、多少、高低时，又该怎么办呢？将物品放在一起比一比就可以了。

比较物品的大小时，小的物品会完全被大的物品遮挡。比如，大手和小手重叠比较，小手会被大手遮住。又如，小碗能放入大碗里。

比较物品的长短时，其中的一端一定要对齐，另一端突出来的物品就是长的。要告诉孩子，此时，一定要把物品展开，不能弯曲。

比较液体的量的多少时，要把液体倒入大小和形状都相同的容器里。高度更高的，说明量多。一定要倒入大小和形状都相同的容器里才能比较量的多少，因为低年龄段的孩子，看到大小和形状都不同的容器里的水，会误认为，只要高度高的，就是水多的。

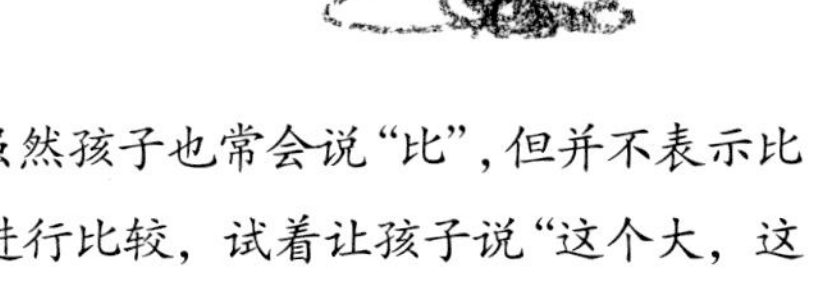

低年龄段的孩子，不会使用数学用语“比”。虽然孩子也常会说“比”，但并不表示比较的意思，而是一种语言习惯。直接拿两个物品进行比较，试着让孩子说“这个大，这个小”“这个多，这个少”等。

■ 准备两个大小和形状相同的玻璃杯。在玻璃杯中倒入果汁，两个杯子稍微离得远一些。问问孩子哪个杯中的果汁多。再把两个杯子放在一起，让孩子比较一下哪个杯子里果汁的高度更高。

■ 准备两片差不多大的树叶。问问孩子哪片更大。再把它们重叠在一起，让孩子比较哪片更大。

■ 准备两条适当长度的线。问问孩子哪条更长，让孩子试着比比长度。提醒孩子注意线的一端是否对齐，线是否拉直了。

数学邦 Maths Kingdom

唤醒每一个孩子沉睡的数学天赋！

（全12册）

| 数学邦 |

大懒虫的故事

[韩] 金闰耕 / 著　[韩] 尹贞珠 / 绘　佟姗姗 / 译

中原出版传媒集团
中原传媒股份公司

大象出版社
· 郑州 ·

图书在版编目（CIP）数据

数学邦．大懒虫的故事 /（韩）金闰耕著；（韩）尹贞珠绘；佟姗姗译．— 郑州：大象出版社，2019.6
ISBN 978-7-5711-0183-1

Ⅰ．①数… Ⅱ．①金… ②尹… ③佟… Ⅲ．①数学 — 儿童读物 Ⅳ．① O1-49

中国版本图书馆 CIP 数据核字（2019）第 089599 号

数学邦：大懒虫的故事
SHUXUE BANG: DA LANCHONG DE GUSHI
［韩］金闰耕 著　［韩］尹贞珠 绘　佟姗姗 译

出版人　王刘纯
策　划　董中山
特邀策划　封路路
责任编辑　包　卉
特约编辑　封路路
责任校对　牛志远
封面设计　徐胜男

出版发行　大象出版社（郑州市郑东新区祥盛街 27 号　邮政编码 450016）
发行科　0371-63863551　总编室　0371-65597936
网　址　www.daxiang.cn
印　刷　湖南天闻新华印务有限公司
经　销　各地新华书店经销
开　本　787mm × 1092mm　1/24
印　张　1.5
字　数　50 千字
版　次　2019 年 6 月第 1 版　2019 年 6 月第 1 次印刷
定　价　228.00 元（全 12 册）
若发现印、装质量问题，影响阅读，请与承印厂联系调换。
印厂地址　湖南省长沙市望城区银星路 8 号湖南出版科技园
邮政编码　410219　　电话　0731-88387871

很久很久以前，有一个非常非常懒的人，
他想吃柿子，却懒得去摘，
于是就坐在树下等着柿子自己掉下来。

数数人和小松鼠的数量，一边指一边数。可以这样说：“这儿有一个人，这儿有一只小松鼠，数量是一样的。”

又来了一个非常非常懒的人，

他也想吃柿子，就和大懒虫一起坐在树下等。

两个大懒虫，后背很痒也懒得抓，只是耸耸肩。

数数人和鼹鼠的数量，一边指一边数。可以这样说：“这儿有两个人，这儿有两只鼹鼠，数量是一样的。”

这时，又走来一个非常非常懒的人，

同样想吃柿子，同样跟大懒虫们坐在一起等柿子掉下来。

三个大懒虫，鸟粪掉在他们脸上也懒得擦。

数数人和小鸟的数量，一边指一边数。可以这样说："这儿有三个人，这儿有三只小鸟，数量是一样的。"

又走来一个非常非常懒的人，

也想吃柿子，也跟大懒虫们坐在一起等柿子掉下来。

四个大懒虫，苍蝇围着他们嗡嗡叫也懒得赶，只是晃晃脑袋。

数数人和苍蝇的数量，一边指一边数。可以这样说："这儿有四个人，这儿有四只苍蝇，数量是一样的。"

又走来一个非常非常懒的人，也想吃柿子，

也跟大懒虫们坐在一起等柿子掉下来。

五个大懒虫，大太阳晒得他们汗水直流，也懒得挪挪屁股乘阴凉。

数数人和毛毛虫的数量，一边指一边数。可以这样说：“这儿有五个人，这儿有五条毛毛虫，数量是一样的。”

又走来一个非常非常懒的人，想吃柿子，

也跟大懒虫们坐在一起等柿子掉下来。

六个大懒虫，渴得嗓子冒烟儿也懒得找水喝，只好不停地咽口水。

数数人和蜻蜓的数量，一边指一边数。可以这样说："这儿有六个人，这儿有六只蜻蜓，数量是一样的。"

又走来一个非常非常懒的人，想吃柿子，

也跟大懒虫们坐在一起等柿子掉下来。

七个大懒虫，坐得屁股都麻了也懒得站起来，只是不停地蹭来蹭去。

数数人和蚂蚁的数量，一边指一边数。可以这样说："这儿有七个人，这儿有七只蚂蚁，数量是一样的。"引导孩子从一到七按照数字顺序数出来。

又走来一个非常非常懒的人，想吃柿子，

也跟大懒虫们坐在一起等柿子掉下来。

八个大懒虫，困得睁不开眼也懒得躺下，一摇一晃地打瞌睡。

数数人和瓢虫的数量，一边指一边数。可以这样说："这儿有八个人，这儿有八只瓢虫，数量是一样的。"

又走来一个非常非常懒的人，想吃柿子，

也跟大懒虫们坐在一起等柿子掉下来。

九个大懒虫，饿得肚子咕咕叫却懒得去吃东西，只是不停地吧唧嘴。

数数人和表现肚子饿的“咕”字的数量，一边指一边数。可以这样说：“这儿有九个人，肚子叫了九声。”也可以“咕”“咕咕”“咕咕咕”这样连续说九次，通过发音次数的增加引导孩子加强对数字的认识。

又走来一个非常非常懒的人，想吃柿子，

也跟大懒虫们坐在一起等柿子掉下来。

十个大懒虫，被雨淋湿也懒得到屋檐下避雨，身上不停地滴答滴答滴水。

数数人、地上的树叶和树上挂着的柿子的数量，分别让孩子数出来，可以这样教孩子：“这儿有十个人，这儿有十片树叶，树上有十个柿子。”还可以自行配上曲调，从一到十把数字唱给孩子听。

啊！

被雨淋过的柿子晃悠悠，眼看就要掉下来啦！

十个大懒虫张开了嘴巴，激动地等着柿子掉下来。

一阵风吹过，
一个柿子啪地掉了下来。
十个大懒虫，
乱成一团抢柿子。

这时，一只小狗冲了过来，一口叼住柿子跑掉啦！

十个大懒虫，馋得吧唧吧唧嘴，只能坐在柿子树下继续等。

“柿子啊柿子，下次一定要掉到我嘴里呀！”

翻回故事开头，按照故事讲述的顺序，一边翻书一边数，“一个人、一只小松鼠”这样讲给孩子听。然后从第21页倒着翻，“十、九、八……一”这样倒着数给孩子听。

数一数

大懒虫们头上顶着多少柿子，请你从一到十数一下。

一　　二　　三　　四　　五

六
七
八
九
十

下面哪种水果正好能分给大懒虫们每人一个？

四个大懒虫、四个大柿子，

数量是一样的，

刚好每人吃一个。

下面哪种玩具正好能分给大懒虫们每人一个？

五个大懒虫、五只风筝，

数量是一样的，

刚好每人玩一只。

从一到十来数数

数好数的意义

第一，按照“一、二、三……”这样的顺序教孩子数数，可以让孩子正确认识并说出数字。如果数数的基础打不好，孩子在从一数到一百的学习过程中，就会出现“一、二、四、五”这样漏数、错数的情况。

第二，要让孩子明白，数数的时候，是一个具体的物体对应一个数字，最后数完所有物体时说出的数字就是这些物体的数量。比如，数四个苹果时，“一、二、三、四”，四就是所有苹果的数量。这样教学时，已经数过的东西重新再数或者不按顺序跳着数都是不可取的。

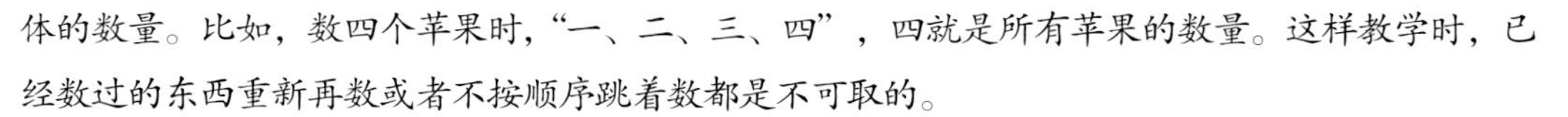

第三，数四个苹果的时候，让孩子明白不论从哪个苹果开始数，苹果的总数量都是四，总数量跟数的先后顺序是没有关系的。

第四，数量是不同于兔子、苹果、铅笔等具体物体的虚拟概念。一种具体物体的总数量是“三”的话，那么“三”是这一种物体的总数量的名称。

以上就是数好数的四个意义。

想让孩子正确理解数字与数量的关系，首先要让孩子正确地数出具体东西的总数量，然后告诉孩子：“苹果是两个，铅笔也是两支，数量是一样的。”或者把具体物体分组给孩子看，让孩子自己去确认数量是否一样。这也是非常好的教学方法。还可以挑出两个半块的积木和两个整块的积木给孩子看，让孩子懂得虽然都是积木，大小不同，但是数量都是“二”。这样慢慢地引导，孩子自然而然就能理解数字与数量的关系了。

和孩子一起玩的数学游戏

■把数字编成歌曲，从一到十唱给孩子听。

一边拍手，一边按顺序说出数字。

■使用实物，按顺序数出数量，说出数字。

准备五块糖果、一个盘子，一边把糖果放到盘子里一边说出个数。把糖果都放到盘子里之后，告诉孩子“一共有五块糖”。

■帮助孩子正确理解数字与数量的关系。数量是多少，应该用哪个数字来表示。

准备三块糖果和三个娃娃，按“一、二、三”这样的顺序分别数出糖果和娃娃的数量，告诉孩子：“这是三块糖果，那是三个娃娃，糖果和娃娃的数量是一样的。”然后分别把每块糖果放在每个娃娃的前面，告诉孩子“每个娃娃正好分到一块糖果”。

数学邦 Maths Kingdom

唤醒每一个孩子沉睡的数学天赋！

（全12册）

数感
大懒虫的故事
去奶奶家

分类
小老鼠和魔法师
能干的三个朋友

比较
我要当姐姐
寻风的小熊

演算
鞋子汽车

空间
魔法好难
月亮先生生病了

图形
谁的影子
针线奶奶

规律
怎样才能飞上天

| 数学邦 |

鞋子汽车

[韩] 申惠恩 / 著　[韩] 韩丙好 / 绘　薛茹月 / 译

中原出版传媒集团
中原传媒股份公司

大象出版社
· 郑州 ·

图书在版编目（CIP）数据

数学邦．鞋子汽车 /（韩）申惠恩著；（韩）韩丙好绘；薛茹月译．—郑州：大象出版社，2019.6
ISBN 978-7-5711-0183-1

Ⅰ．①数… Ⅱ．①申… ②韩… ③薛… Ⅲ．①数学—儿童读物 Ⅳ．① O1-49

中国版本图书馆 CIP 数据核字（2019）第 089605 号

豫著许可备字 -2019-A-0090

数学邦：鞋子汽车

SHUXUE BANG: XIEZI QICHE

［韩］申惠恩 著　［韩］韩丙好 绘　薛茹月 译

出 版 人　王刘纯
策　　划　董中山
特邀策划　封路路
责任编辑　阮志鹏
特约编辑　封路路
责任校对　张迎娟
封面设计　徐胜男

出版发行　大象出版社（郑州市郑东新区祥盛街 27 号　邮政编码 450016）
　　　　　发行科　0371-63863551　总编室　0371-65597936
网　　址　www.daxiang.cn
印　　刷　湖南天闻新华印务有限公司
经　　销　各地新华书店经销
开　　本　787mm × 1092mm　1/24
印　　张　1.5
字　　数　50 千字
版　　次　2019 年 6 月第 1 版　2019 年 6 月第 1 次印刷
定　　价　228.00 元（全 12 册）
若发现印、装质量问题，影响阅读，请与承印厂联系调换。
印厂地址　湖南省长沙市望城区银星路 8 号湖南出版科技园
邮政编码　410219　　　　电话　0731-88387871

小鼹鼠在造汽车。

他咚咚咚咚地敲着轮子，

咚咚咚咚地敲着方向盘。

“哇，好酷的鞋子汽车啊！

可以让我们一起坐吗？”

“好呀，好呀！快上来！”

嗨哟，嗨哟！

这边一只小兔子和那边四只

小兔子一起坐上了鞋子汽车。

轰隆轰隆，出发！

请家长一边说“从这边上来了一只小兔子，从那边上来了四只小兔子”，一边向孩子展示一张卡片与四张卡片合并在一起的过程，并且问问孩子现在一共有几只小兔子。

可以制作画有小兔子、小狐狸、小河马的卡片，按需拼凑使用。

翻过了弯弯曲曲的山坡，
跨过了哗啦啦的溪流，
鞋子汽车飞速前进，
载着五只小兔子不停地飞奔。

请给孩子看第4~5页中合并的卡片，并告诉孩子“这边一只小兔子和那边四只小兔子上了车，所以变成了五只小兔子”。

“我们要在这里下车了。
谢谢你送我们。再见！”
“好的，再见！”
三只小兔子从鞋子汽车上下来了。
五只小兔子中，三只小兔子下车了，
还剩下两只小兔子。

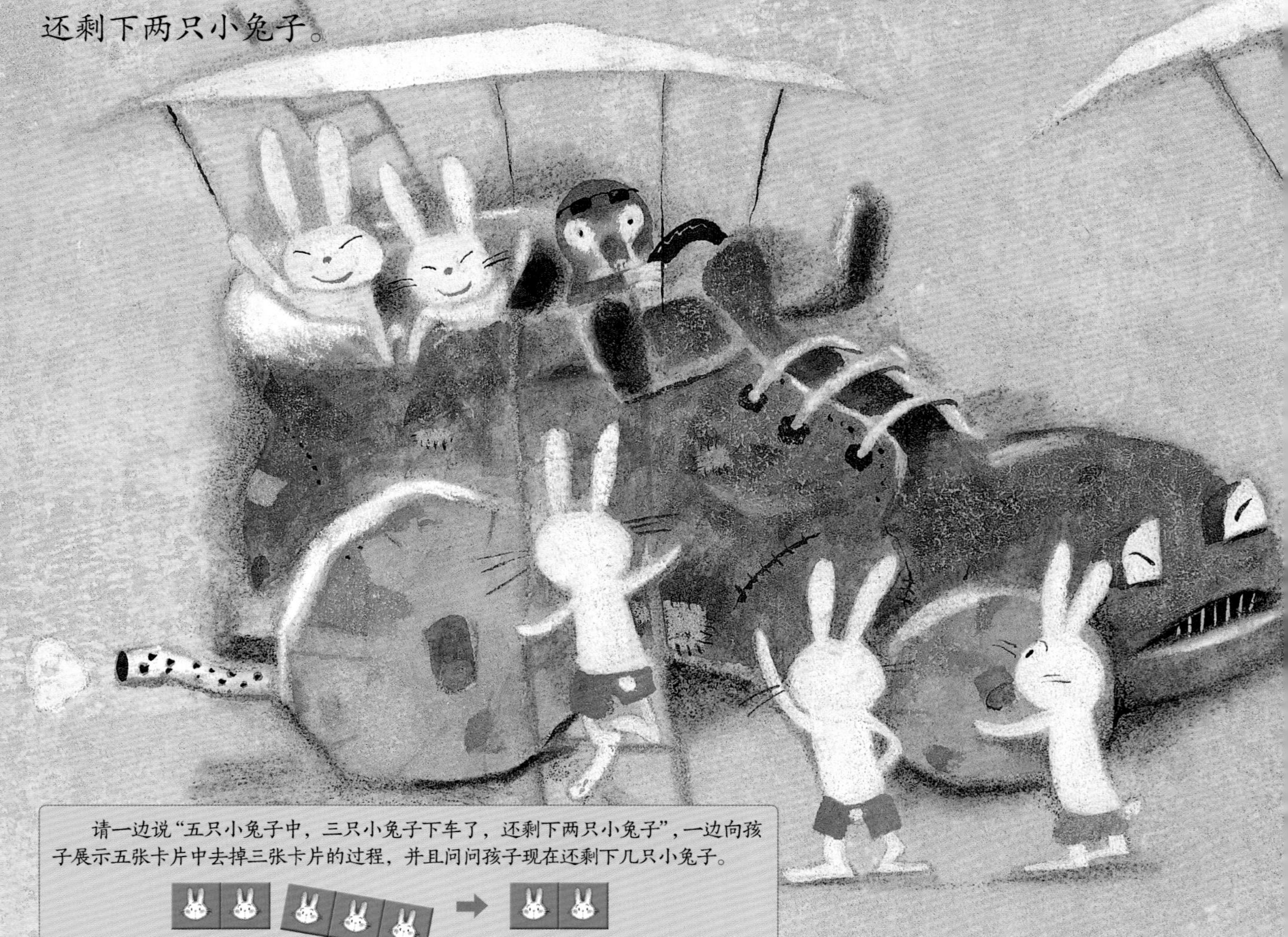

请一边说“五只小兔子中，三只小兔子下车了，还剩下两只小兔子”，一边向孩子展示五张卡片中去掉三张卡片的过程，并且问问孩子现在还剩下几只小兔子。

“等一下！”
这时，又来了两只小兔子，
他们一边喊着一边蹦蹦跳跳地跑了过来。
等一下！
请一边问孩子“原来有两只小兔子，又来了两只后，现在一共有几只呢”，一边向孩子展示两张卡片与两张卡片合并的过程。并且问孩子现在一共有几只小兔子。

“汽车好脏呀！

我们来帮你把它擦干净吧！”

唰唰唰，唰唰唰！

两只小兔子开始擦洗鞋子汽车。

“能带我们一起走吗？”

“好呀，好呀！快快上车吧！”

两只小兔子坐上了鞋子汽车。

轰隆轰隆，出发！

经过了弯弯曲曲的森林道路，
驶过了坑坑洼洼的石子路，
鞋子汽车在不停地前进，
带着四只小兔子奔驰。

请让孩子说说现在车上一共有几只小兔子。

“我们要在这里下车了。

谢谢你送我们。再见！”

“好的，再见！”

三只小兔子从鞋子汽车上下来了。

请引导孩子自己说出“四只小兔子中有三只下车了，所以还剩下一只小兔子”。

"等一下！"

这时，有五只小狐狸

和三只小河马

一边喊着一边跑了过来。

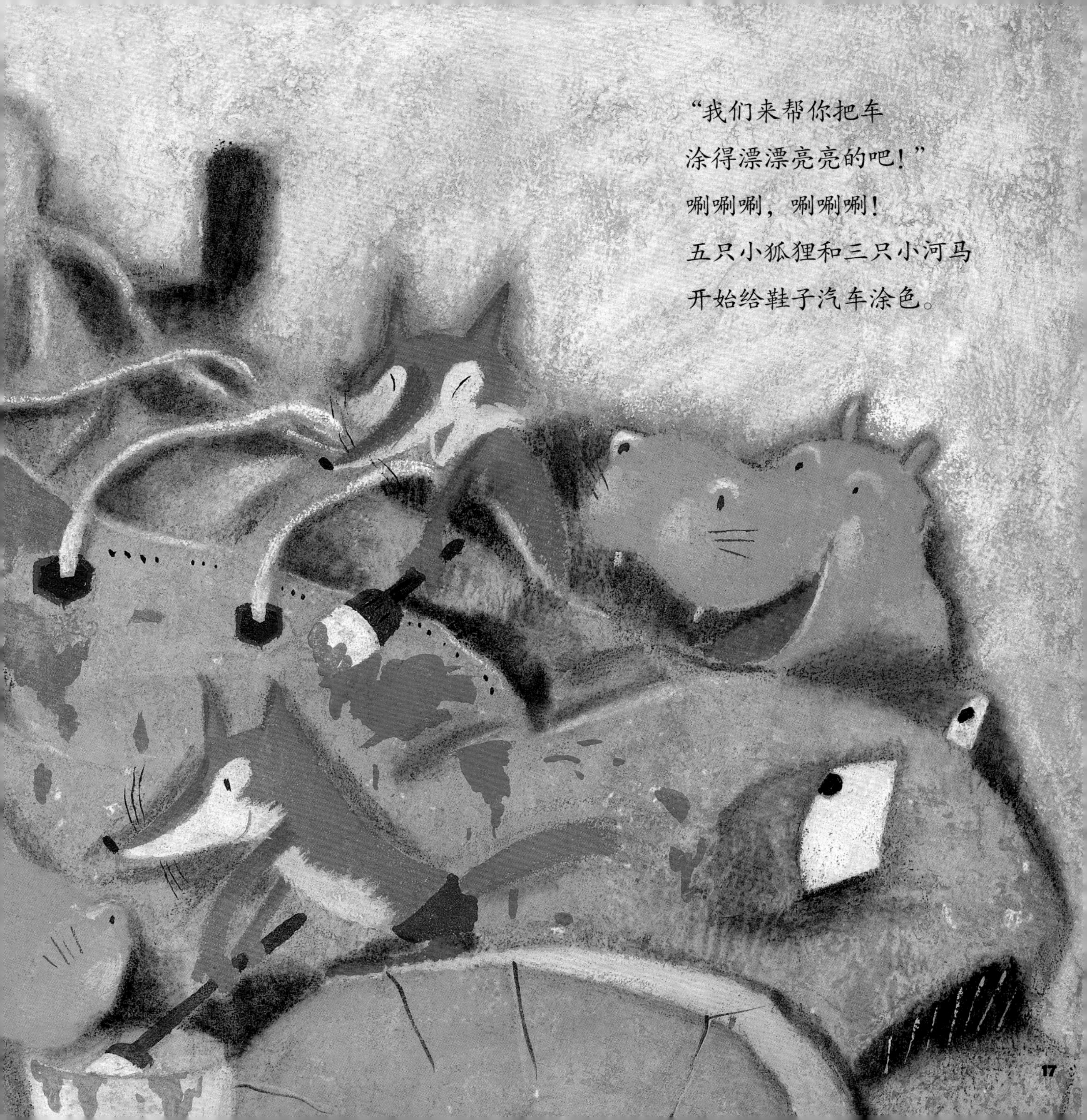

“我们来帮你把车
涂得漂漂亮亮的吧！”
唰唰唰，唰唰唰！
五只小狐狸和三只小河马
开始给鞋子汽车涂色。

“都涂好啦！能不能带我们一起走呢？”

“好呀，好呀！快快上车吧！”

小狐狸们都坐上了车。

小河马们小心翼翼地往梯子上爬。

“哎呀！梯子被压断了。”

请让孩子数一数小狐狸与小河马各有几只。

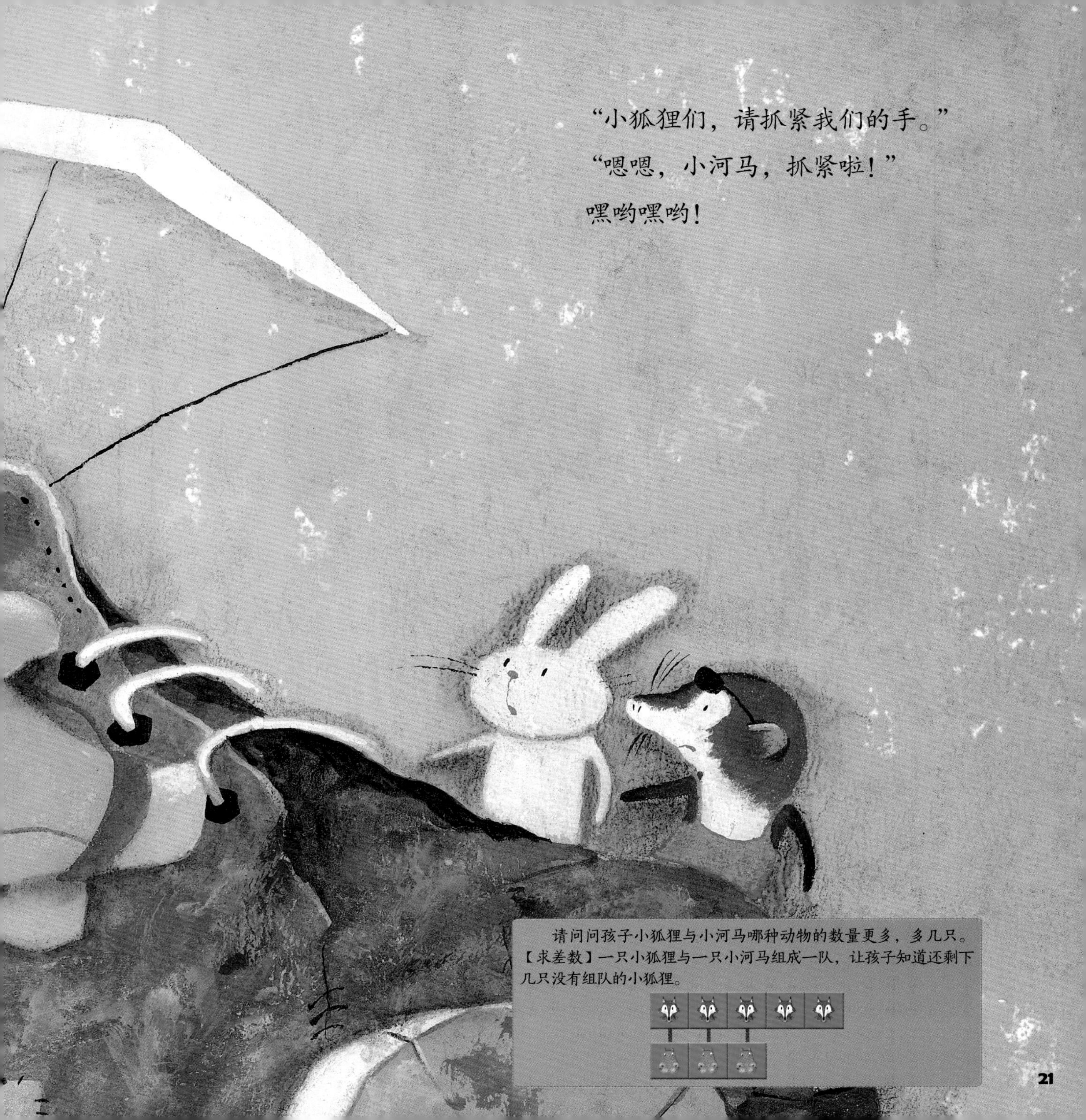

“小狐狸们，请抓紧我们的手。”

“嗯嗯，小河马，抓紧啦！”

嘿哟嘿哟！

请问问孩子小狐狸与小河马哪种动物的数量更多，多几只。【求差数】一只小狐狸与一只小河马组成一队，让孩子知道还剩下几只没有组队的小狐狸。

咚！咚！咚！小河马摔了下来。

“哎呀！我们也想坐车。”

“没有更好的办法了吗？对了，我想到了。”

小鼹鼠想到了一个好办法。

请告诉孩子在第20~21页【求差数】中，小狐狸比小河马多出的只数，与去掉跟小河马组成一队的三只小狐狸后剩下的小狐狸只数相同。

大家齐心协力

制造出了两辆新的小汽车。

哐哐哐，拖鞋汽车和皮鞋汽车做成了。

啪啪啪，原来的鞋子汽车也修好了。

“耶！都做好了。”

大家都坐上了车。

轰隆轰隆，出发！

车灯开得亮晃晃的，

翻过了弯弯曲曲的小山坡，

小汽车们不停地奔跑着。

这是加法，还是减法呢？

北边来的两只小兔子和南边来的一只
小兔子坐上了小木船。
那么现在船上一共有几只小兔子呢？
这是加法还是减法呢？

三只小兔子坐着小木船，
如果再坐一只小兔子的话，
一共有几只小兔子呢？
这是加法还是减法呢？

现在有四只小兔子坐着小木船，
其中有两只小兔子下船了。
那么现在小木船上还剩下几只小兔子呢？
这是加法还是减法呢？

剩下的两只小兔子会去哪里呢？

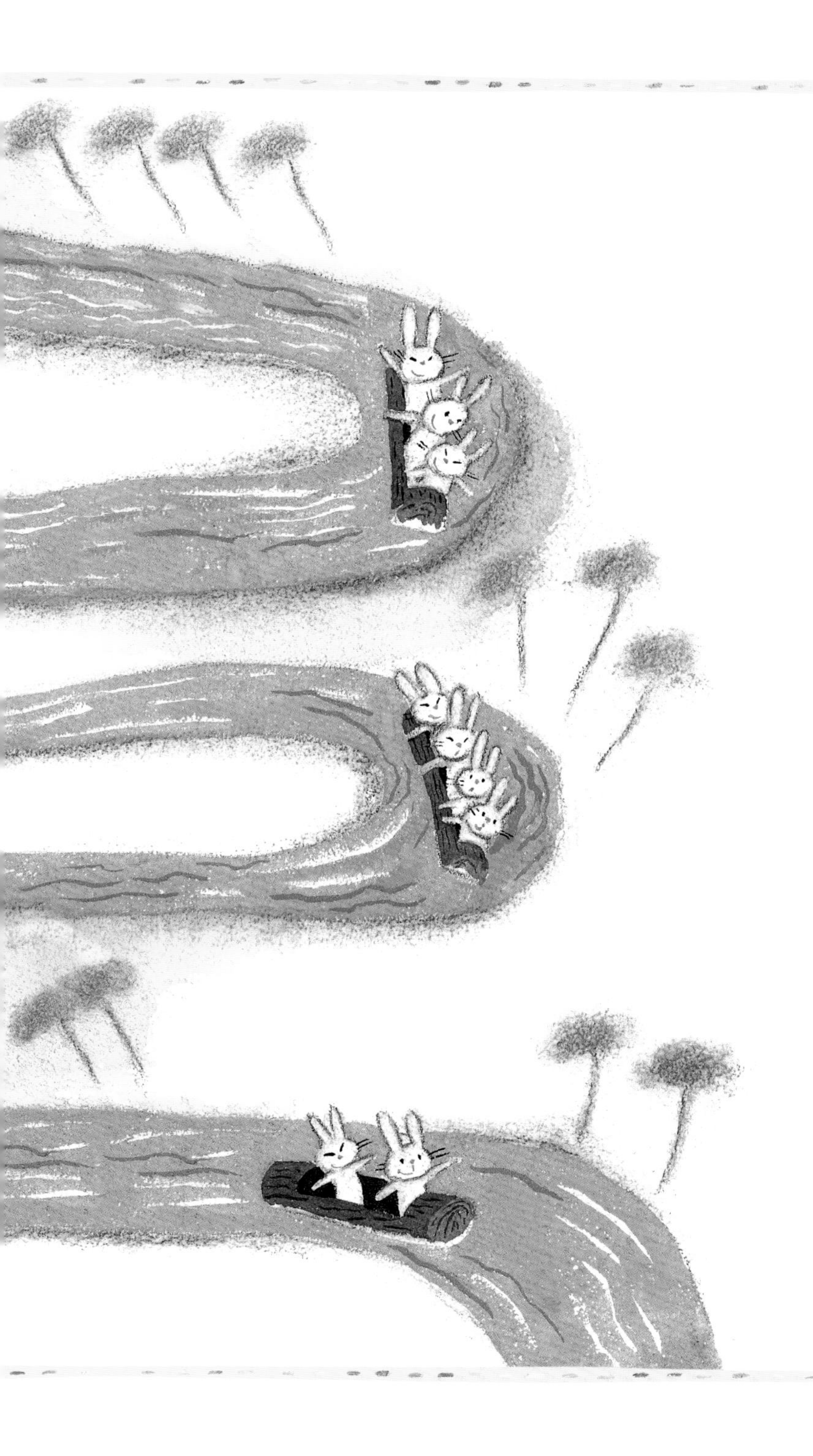

用卡片来演示一下吧。

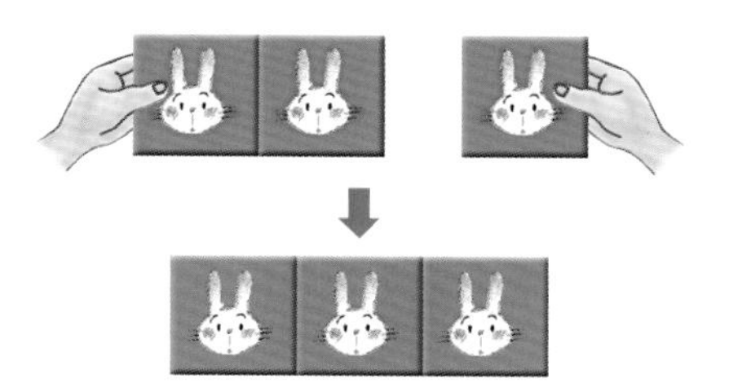

两张卡片加一张卡片，一共有三张卡片。

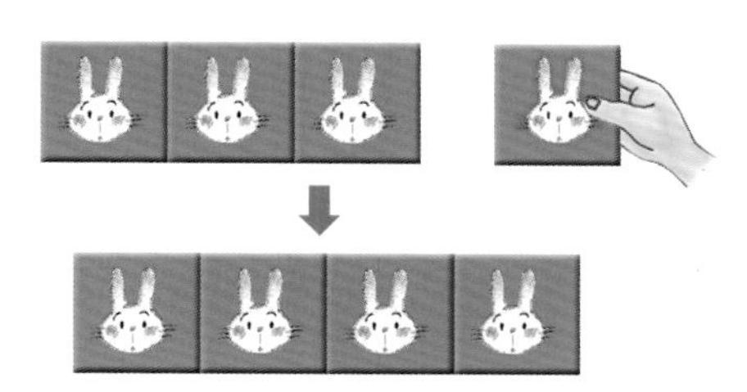

三张卡片加一张卡片，一共有四张卡片。

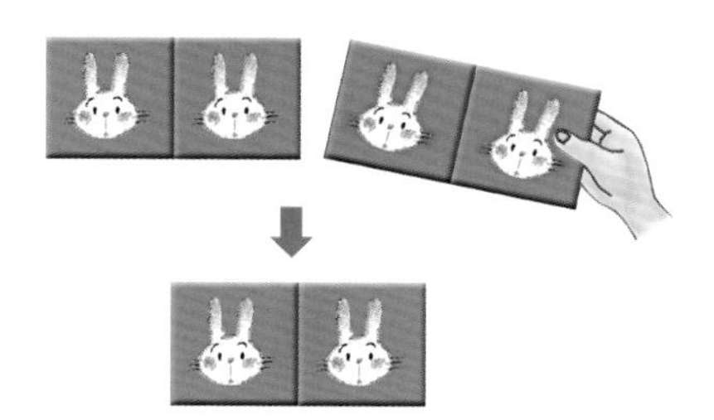

在四张卡片中去掉两张卡片，

还剩下两张卡片。

啊哈！原来是来到了有小青蛙的池塘呀！

这里有五只小青蛙和四张荷叶。

小青蛙的数量比荷叶的数量多多少呢？

试试帮它们组队吧。

让一只小青蛙对应一张荷叶。

小青蛙的数量比荷叶的数量多多少呢?

五只小青蛙中，去掉四只与荷叶组成一队的就可以了。

在五只小青蛙中，去掉了四只，还剩下一只。

多了一只小青蛙。

5以内的加减法

到底多出来多少？减减就知道

听到加法或减法的时候，很多妈妈会想到由无趣的数字和运算符号组成的公式，这是因为我们从一开始就是用死板的公式来进行运算的。孩子在第一次遇到加减法的时候，也会有这种无趣、讨厌的感觉吗？

在这本书中，孩子通过看图片或听故事，自然而然地就了解了加减法运算的过程。如果只根据公式进行运算，加减法就变得毫无意义。孩子应该学会一看到公式，就能在脑海中描绘出实际情况。比如，看到“2+3”就能想到两只小兔子和三只小兔子、两颗糖和三颗糖合在一起的场景。

加法就是合并、增加，减法就是去掉，除此之外还有减法之中的求差数。求差数就是求两个数相差的个数。比如，四顶帽子和三把雨伞相比，哪个更多？多几个？孩子可能会想，怎么从帽子里去掉雨伞呢？这种情况下，试着把四顶帽子与三把雨伞一一配对，然后从帽子的总数中，去掉和雨伞配对的帽子的数量，这样的话理解起来就比较容易了。

当然，现在孩子还没到可以完全理解加减法的阶段。但他会在想象中建立基础，一点点地在脑海中留下印象。孩子在回答问题的时候也不需要强调“三只、三名、三个”这样的单位名词，只需要孩子说出“三”即可。

和孩子一起玩的数学游戏

跟孩子一起做下面的运算小游戏吧。

1. 合并

问孩子："两颗豆子和三颗豆子合起来，一共有几颗豆子呢？"在杯子里放入两颗豆子和三颗豆子，然后数一数杯中豆子的数量，引导孩子说出"一共有五颗豆子"。

2. 增加

问孩子："这里有两根吸管，再放入三根的话变成了几根吸管呢？"在已经放有两根吸管的水杯中，再加入三根吸管，数出吸管的数量，引导孩子说出"一共有五根吸管"。

3. 求差数

问孩子："有四个杯子和三根吸管，杯子比吸管多几个呢？"在每个杯子中都一一对应放入一根吸管，请指着剩下的一个杯子，对孩子说："多了一个杯子。在四个杯子里，去掉三个有吸管的杯子后，还剩下一个杯子。"

数学邦 Maths Kingdom

唤醒每一个孩子沉睡的数学天赋！

（全12册）

数学邦 Maths Kingdom

唤醒每一个孩子沉睡的数学天赋！

- 每一个孩子都是天生的数学能手，我们要做的就是把孩子的数学潜能挖掘出来！
- 数学是思维上的举重训练，越早让孩子的思维举重，孩子的数学潜能就越容易被唤醒。天才的孩子从书里跳出来！
- 从分类、比较、规律、图形、空间、数感、演算七个方面训练儿童的数学思维。
- 韩国文化观光部教育经营大奖图书！韩国数学史学会推荐儿童数学启蒙读物！

《鞋子汽车》× 演算∈数学邦

小鼹鼠用鞋子造了一辆很酷的汽车，他开着汽车出门兜风啦！上来了五只小兔子，途中，有三只小兔子下车了，还剩下几只小兔子呢？又上来了五只小狐狸和三只小河马，现在哪种动物的数量多一些呢？

本书通过小鼹鼠开鞋子汽车出门兜风途中，小兔子、小狐狸和小河马先后搭车的故事，引导孩子学习加减法运算，故事后的"大脑任务"和"思维训练"，能够让孩子摆脱机械化的数学公式，自然而然地了解加减法运算的过程。

朗读者
DECLAIMER BOOK

扫码查看本书详情

ISBN 978-7-5711-0183-1
9 787571 101831 >

定价：228.00元（全12册）